国外土木建筑工程系列

建筑环境工程学
——热环境与空气环境

[日] 宇田川光弘　近藤靖史　秋元孝之　长井达夫　著
　　陶新中　译
　　董新生　校

U0285442

中国建筑工业出版社

著作权合同登记图字：01-2015-0920 号

图书在版编目（CIP）数据

建筑环境工程学——热环境与空气环境／（日）宇田川光弘等著；陶新中译．—北京：中国建筑工业出版社，2016.9
（国外土木建筑工程系列）
ISBN 978-7-112-19775-0

Ⅰ．①建…　Ⅱ．①宇…②陶…　Ⅲ．①建筑工程－环境工程学　Ⅳ．① TU-023

中国版本图书馆 CIP 数据核字（2016）第 213583 号

责任编辑：白玉美　率　琦
责任校对：李欣慰　姜小莲

国外土木建筑工程系列
建筑环境工程学——热环境与空气环境
[日] 宇田川光弘　近藤靖史　秋元孝之　长井达夫　著
陶新中　译
董新生　校
*
中国建筑工业出版社出版、发行（北京海淀三里河路 9 号）
各地新华书店、建筑书店经销
北京嘉泰利德公司制版
北京市密东印刷有限公司印刷
*
开本：787×1092 毫米　1/16　印张：11　字数：252 千字
2016 年 11 月第一版　2016 年 11 月第一次印刷
定价：**38.00** 元
ISBN 978-7-112-19775-0
　　　（26734）

前　言

　　本书是一本专业教科书。我们在编撰该书时，对建筑环境工程学的基础知识及其应用，由浅入深地进行了论述。建筑环境工程学是一门以尽可能少的能源实现健康、安全的环境为目的所提出的一种基础理论，可以应用于建筑设计、设备设计。当今，从地球环境到室内环境，建筑的所有标准都与环境有着密不可分的关系。今后，建筑环境工程学还将会起到更为重要的作用。

　　环境工程学涉及的领域很广，若按物理现象进行分类，可分为热、大气、光、声。因此，建筑环境工程学的教科书大多也按上述分类被分为 4 个领域。不过，因各个领域的基本原理不同，所以要想学习全部内容就需要花费一定的时间。另外，即便是只学习基础部分，仅从建筑所规定的专门领域中掌握理论知识是远远不够的，还应学习如何将其运用于实际的建筑设计及设备设计中。为此，本书特提出与建筑室内环境性能及能源性能关系极为密切的热环境和空气环境两大领域，以通俗易懂的语言从基础到应用进行论述，各章按照（A）基础知识内容；（B）前半部分为基础知识内容、后半部分为应用内容；（C）应用内容进行分类，共由 16 章组成。

章节	题目	分类	章节	题目	分类
1	建筑与环境	A	9	热传导模拟	C
2	气象与气候	A	10	室温与热负荷	B
3	日照与太阳辐射	B	11	湿空气	A
4	室内温热环境	B	12	室内湿度调节与蒸发冷却	B
5	室内空气环境	A	13	结露与防止结露	B
6	环境的计量与测量	C	14	换气·通风的基础理论	A
7	传热的基础理论	A	15	机械换气计划	B
8	建筑物外表面的传热	B	16	室内空气浓度等的时间变化与空间分布	C

　　例如，如果是建筑专业知识中热环境、空气环境的初学者，可将（A）和（B）中基础部分的章节作为学习的重点；而对于那些欲将环境工程学的理论用于规划设计的专业课、研究室的研讨会、毕业设计乃至研究生院等有一定基础知识的读者来说，则应将学习的重点放在（B）及（C）中各章的应用部分。

　　本书以简洁易懂的方式列出例题的计算过程，希望能通过例题和练习有助于读者对知识的理解。这样，利用附录中的“Visutal Basic 函数”和 Microsoft Excel 中的表计算软件，只要准备一台个人电脑就可以进行实际的操作练习。另外，通过注释中对相关用语的解读及短评栏（COLUMN）可以帮助读者理解，所以本书不仅是授课时所用的教科书，而且还可以对从事实务的建筑师、技术人员的知识进行检验。倘若本书能够加深读者对建筑环境工程学的热环境、空气环境的理解，对完成一个健康、舒适节能高效的建筑有一定的作用，将感到十分荣幸。

　　最后，对那些在本书的策划，以及编辑上给予大力支持与帮助的朝仓书店的诸位同仁们表示深深的谢意。

作者代表：宇田川光弘

2009 年 4 月

目　录

10. 室温与热负荷　*97*　　　　　　　　　　宇田川光弘

11. 湿空气　*112*　　　　　　　　　　　　秋元孝之

12. 室内湿度调节与蒸发冷却　*116*　　　　长井达夫

13. 结露与防止结露　*122*　　　　　　　　近藤靖史

本书中所用的主要符号（国际单位制的基本单位）

量的名称	符号	单位符号	单位名称	备　注
时间	t	s	秒	1小时(h)＝3600 s，1分(min)＝60 s
长度 面积 体积，容积 质量 密度	L,d,l A V m ρ	m m² m³ kg kg/m³	米 平方米 立方米 千克	在工程学单位中，为kgf，1 kgf＝9.8 N 在工程学单位中，为比重量γ［kgf/m³]
重力加速度	g	m/s²		g＝9.8 m/s²
力 压力	P p	N Pa	牛顿 帕（斯卡）	N＝kg·m/s² 1 kgf/m²＝1 mmAq＝9.8 Pa
速度 流量（重量） 流量（容积）	v G Q	m/s kg/s m³/s		
绝对温度 温度 温度差	T θ $\Delta\theta$	K ℃ K(℃)	开（尔文） 摄氏（celsius）	$T＝\theta+273.16$
相对湿度 绝对湿度 水汽压 比焓（比热焓）	φ x f h	% kg/kg(DA) Pa kJ/kg		也有使用kg/kg′的
水的蒸发潜热	r	kJ/kg		
能（量），功，热量 比热 热容量 功率，辐（射）能通量 热流 热流（单位面积） 导热系数（传导） 传热系数（对流辐射） 传热系数（总） 传热系数（中空）	Q,W c C L,E H q λ α K C	J J/kgK J/K W W W/m² W/(m·K) W/(m²·K) W/(m²·K) W/(m²·K)	焦（耳） 瓦（特） 瓦（特）	J＝W·s，3600 J＝1 W·h，1 kcal＝4.186 kJ 1 kcal/(kgf·℃)＝4.186 kJ/(kg·K) W＝J/s 1 kcal/h＝1.163 W，1 kW＝860 kcal/h 1 kcal/(m²·h)＝1.163 W/m² 1 kcal/(m·h·℃)＝1.163 W/(m·K) 1 kcal/(m²·h·℃)＝1.163 W/(m²·K) 1 kcal/(m²·h·℃)＝1.163 W/(m²·K) 1 kcal/(m²·h·℃)＝1.163 W/(m²·K)
传热阻	r,R	m²·K/W		1 m² h·℃/kcal＝0.86 m² K/W
太阳辐射量	I	W/m²		kcal/(m²·h)，cal/(cm²·min)
传湿系数（总） 传湿系数（对流） 导湿系数（传导）	K' α' λ'	kg/(m²·s(kg/kg(DA))) kg/(m²·s(kg/kg(DA))) kg/(m·s(kg/kg(DA)))		
换气量 浓度	Q C	m³/s，m³/h m³/m³（气体状物质）， kg/m³（粉尘）		也有使用 CMH(＝m³/h) 的 也有使用ppm的

SI 单位制词头

词头符号 / 词头名称	代表的 因数	词头符号 / 词头名称	代表的 因数
E［(exa) 艾（可萨）］	10^{18}	d［(deci) 分］	10^{-1}
P［β(bata) 拍（它）］	10^{15}	c［(centi) 厘］	10^{-2}
T［(tera) 太（拉）］	10^{12}	m［(milli) 毫］	10^{-3}
G［(gear) 千兆／吉 （咖）］	10^{9}	μ［(micro) 微］	10^{-6}
M［(mega) 兆］	10^{6}	n［(nano) 毫微／ 纳（诺）］	10^{-9}
k［(kilogram) 千］	10^{3}	P［(pico-) 微微／ 皮（可）］	10^{-12}
h［(hecto) 百］	10^{2}	例如：(1) 16PJ＝16×10⁶GJ ＝16×10¹⁵J	
da［(deka) 十］	10	(2) 0.8GJ＝800MJ ＝8×10⁸J	

希腊字母一览表

大写 字母	小写 字母	读法	大写 字母	小写 字母	读法	大写 字母	小写 字母	读法
A	α	alpha	I	ι	Iota	P	ρ	Rho
B	β	beta	K	κ	Kappa	Σ	σ	Sima
Γ	γ	gamma	Λ	λ	Lanmbda	T	τ	Tau
Δ	δ	delta	M	μ	Mu	Υ	υ	Upsilon
E	ε	upsilon	N	ν	Nu	Φ	ϕ,φ	Pho
Z	ζ	Zata	Ξ	ξ	Xi	X	χ	Chi
H	η	E00ta	O	o	Omicron	Ψ	ψ	Psi
Θ	θ	theta	Π	π	Pi	Ω	ω	Omega

1. 建筑与环境

所谓"环境"，就是指围绕自己，及其周围的所有的世界。在建筑领域中，特别是在人类活动的场所中，人们时刻都在对自己所处的空间环境进行着各种各样的处理。为此，就需要通过墙壁及屋顶、地面等的建筑主体以让室外自然界的气象变化在室内得到缓和，并将室内环境维持在一个安全、健康、舒适的范围内，来设计一个与建筑设备相协调的建筑环境系统。因此，建筑的热环境·空气环境的原理对于如何设计建筑环境系统来说，则是非常重要的理论依据。

图 1.1 新宿高楼林立的城区
城市建筑中的舒适、健康的室内环境是通过建筑的外表面和空调设备加以控制的。为此，规划、设计并加以实施的建筑就应当考虑对都市环境的影响等各种因素。

1.1 建筑与人工环境

正如表 1.1 中所示，当以"人"为主体对周围环境进行分类时，即可分为室内环境、建筑环境、都市环境和地球环境。一般室内环境是指室内的温湿度、空气质量、照度等；而建筑环境则是指建筑物周围外部空气的温湿度、日照·太阳辐射、风、噪声等。自古以来，人类就能够巧妙地利用木材、石料、泥土等各种材料的不同性能，因地制宜对房屋的格局及形态进行设计，建造出与其生活居住地自然环境相和谐的各种风格的建筑，从而对居住环境进行有效调整。但是，自然环境的不断变化仅仅靠调整居住环境是远远不够的。随着人类发明的钻木取火采暖，19 世纪开始出现了暖气采暖，到了 20 世纪初期又出现了利用冷冻机降温的冷气房。由于人类开发的照明技术的进步，实现了不必通过窗户采光也可以得到明亮的光线，而且在夜间也可以亮如白昼。可以说没有电灯照明，今天的建筑也就丧失了使用功能。目前，人类已对暖气房、冷气房及照明等建筑设备与建筑主体统一加以考虑，将建筑的居住环境调整并纳入适宜人类活动的范围之内。

都市环境是由建筑群及交通网、电气、燃气、上下水道等城市设备的各种因素影响所形成的一个广域的环境，都市环境中还有城市气温要高于其周边地区气温的热岛效应以及大气污染等现象。建筑设备所产生的能源消耗、建设规模的扩大以及城市道路的广域化等，给建筑周围的环境及都市环境带来极大的影响。地球环境是指地球本身的自然环境，大气中 CO_2 浓度上升引起的全球气候变暖，人类活动对臭氧层的破坏，致使地表紫外线增强等地球自然环境造成的影响已成为极大的问题。伴随建筑使用与建设所消耗的能

	人工环境与自然环境	**表 1.1**
分　类	对　象	关键词
室内环境	室内	温度、湿度、空气质量、气流、照度
建筑环境	建筑物周围	日照·太阳辐射、风
都市环境	建筑群、城市设施	城市气候（热岛、骤雨、风）
地球环境	大气、海洋、陆地	气温上升、大气 CO_2 浓度、臭氧

源也给地球环境带来了极大的影响。可以说室内环境的形成与地球环境有着密不可分的关系。

1.2　环境工程学与室内环境的控制

建筑的物理环境中包括热、空气、光，以及声音等。建筑环境工程学就是对这些物理现象加以控制，确保居住环境舒适的一种基础理论。从广义上讲，也属于建筑规划理论的一个领域，所以直至 1970 年之前"建筑环境工程学"一直被称作"建筑规划原理"。舒适、健康、安全的居住环境是通过具体的建筑主体与建筑设备才得以实现的，因此环境工程学作为包括建筑设备在内的一个学科，采用了"建筑环境工程学"的提法。

建筑环境工程学的领域具有多个分支，本书考虑到建筑环境与建筑中的能源消耗量，主要对作为建筑环境工程学基础知识中主要内容的热与空气进行了论述。

① 与热有关的环境以及与室内的温度、湿度有关的内容。湿度包括伴随加湿、除湿所引起的结露等。

② 与空气有关的环境，是指通过换气来排除室内空气的污染。

除此之外，换气的目的还包括排热、排湿。为了进行控制，首先就应当设定一个以室内温湿度、室内空气的 CO_2 浓度等为目标的室内环境标准。实现该目标的方法大致可以分为：通过外墙及窗户等的"建筑方法"，以及采用暖冷房·换气设施等机械设备的"设备方法"或"机械方法"。我们将建筑方法称作"被动方式"或"消极方式"，将设备方法称作"主动方式"或"积极方式"。

图 1.2 为室内热环境控制方法的示意图，表示通过建筑方法形成的自然室温及室外气温逐渐变化的状态。自然室温就是指不供暖的房屋及不供冷气房屋的室温。自然室温受窗户开口的大小、外墙及窗户的隔热性能、建筑结构体热容量等因素的影响而有所不同。因从窗户照射到室内的阳光可以使自然室温升高，所以希望冬季能够产生自然暖气房的效果。另外，夏季则希望通过遮挡阳光照射及通风而产生降低室温的效果。图 1.3 中所示的日本民居就非常适于夏天避暑。

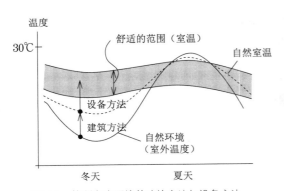

图 1.2　控制室内环境的建筑方法与设备方法
将室内环境控制在一个舒适范围内的方法可分为利用自然环境的建筑方法和利用机器设备的设备方法两种。这两种方法并不矛盾，而是应当建立一个将两者统一的建筑环境控制系统。

图 1.3　日本传统的民居（大隈重信旧宅，佐贺市）
江户后期至明治初期的日本民居，大屋顶的隔热效果、回廊形成的过渡空间以及糊纸隔扇拉门、拉窗在拉开时都可以产生良好的通风效果。因这些建筑中没有供暖、供冷设施，所以对周围环境的影响很小。但在冬季，居室内的室温就会很低。

一般只要是自然室温，那么一年当中就很难将室温维持在一个舒适的范围内，所以还需要通过冷气房·暖气房等的设备方法来弥补建筑方法。供冷房需要排出室内热气的设备，而暖气房则需要向室内提供热气的设备。正如图 1.2 中所示，室外气温与舒适室温之差是夏季小、冬季大，而该差在夏季和冬季是完全不同的。因冬季室内外温差大，所以通过建筑外墙的隔热可以大大减少室内热量向室外流失的热损耗。夏季室内温差变化小，这样对隔热效果要求就不像冬天那样强烈。在图 1.2 中，与供暖期间相比供冷期间要短，可以说供冷的必要性也小。但冬季同样也有太阳辐射及室内产生热量的"暖气房效应"，而且因温度高故同样需要进行除湿。到底暖气房、冷气房应当达到一个什么样的标准，因气象条件、建筑物的隔热·遮热性能及使用方法的不同而有很大的不同。但如果采用了建筑环境工程学的理论，那就有可能实现不仅可以减少暖气房、冷气房所耗能源，同时还可以保证有一个舒适的室内环境。

为保证室内空气能够维持在一个健康、安全的状态中，通风换气是必不可少的方法之一。通过制定一个确保能够满足室内环境标准的换气量，就可以改善室内的空气质量。通风换气的方法包括：通过开关窗户等的自然通风和利用通风扇等的机械换气两种。

如果换气量过少室内空气受到污染，就可能会出现室内污染综合征（又称室内装修综合征）、不良建筑综合征（SBS）。另外，通风换气与热（保温）有着密不可分的关系。过大的换气量会增加冬季暖气房、夏季冷气房的负荷，而在春季、秋季等过渡期间，来自阳光的照射及室内产生的热量不仅会出现室外的气温低于室内的现象，而且有时还会需要冷气房。这时，大气就成为冷热源，大量空气的流入也可以产生冷气房的效果。此外，通风换气也是排出室内水蒸气，并防止结露的方法。

1.3　建筑环境与能源

在当今的建筑中，冷气房、照明、热水等都需要消耗电力、城市燃气、石油等能源。在能源消耗统计中，用于建筑的能源被归类于民生用能，占日本全部能源消耗量的 25% 左右。其中，住宅与住宅之外的比率各占一半。在美国及欧洲诸国，尽管各国不尽相同，但用于民生的比率要高一些，预计随着日本居住水平的提高，民生所占的比率也会有所增高。图 1.4 所示为日本的能源消耗量。

图 1.5 表示按住宅用途分类的能源消耗比率。在日本的住宅中，这种能源消耗量的所占比例结构为：暖气房 17%、热水 23%、照明·家电 57%，而冷气房只占 3%。对建筑物采取隔热处理是消减用于暖气房的能源的重要措施。在暖气房概念已得到普及的欧洲，早就提出了隔热的重要性。日本自 1973 年发生石油危机以后，就开始认识到隔热的重要性，提出了可节约住宅能源的隔热标准。在进行隔热的同时，通过高气密性减少缝隙风以及确保必要的换气量也是非常重要的。当前，我们力图实现的目标就是：以高隔热·高气密的住宅作为舒适、节能住宅的标准之一，并使之得到有效的普及。

另外，在写字楼及商业设施等的大型建筑中，用于冷气房能源所占的比率很大。图 1.6 所表示的就是写字楼能源的消耗状况，其中在冷气房及暖气房中大部分的能源消耗都是用于冷气房，所以如何减少写字楼中用于冷气房的能源消耗量

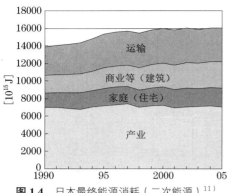

图 1.4　日本最终能源消耗（二次能源）[11]

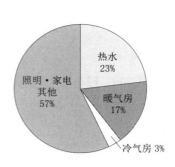

图 1.5　住宅的一次能源消耗 [76.3GJ、（户·年）2007 年][12]

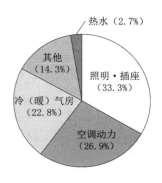

图 1.6　写字楼的一次能源消耗 [2041MJ/（m²·年）1999 年][13]

图 1.7　采用太阳能发电装置的住宅(日本群马县太田市)集合住宅小区内引进了太阳能发电装置。住宅的屋顶上装有太阳能电池板。太阳能发电装置所发的电除可供自家消费外，多余的电能还可以卖给电力公司。

则成为重中之重。在减少用于冷气房的能源消耗量中，除去自然光及电灯照明产生的室内升温，以及通过采取利用天然冷气房、全热交换等降低冷气房负荷的措施而提高送冷系统的效率也是非常重要的。

目前所希望的是，如何将太阳能发电以及阳光的利用作为建筑中的能源加以运用。利用太阳热能提供热水，而在供暖负荷大、冬季晴日多这样的条件下，所希望的则是利用太阳能形成的天然暖气房系统来实现供暖所消耗能源的削减效果。太阳能发电就是利用太阳能电池板进行发电并输出电力。图 1.7 表示的是采用太阳能发电的住宅。

如何才能使实现舒适、安全的建筑环境和力求节能这两个相互矛盾的问题达到统一？这在建筑规划、设计、运用中已经受到人们的广泛关注。为了有效地提高建筑消耗能源的效率，需要涉及材料、构件及机器设备等基础技术，乃至与建筑的建造及整体系统规划等系统的设计、构筑有关的各种技术。这些技术都有很大的发展空间，人们期待着建筑环境业的人士能取得巨大的成果。

1.4　单位与基本量

本书所用到的主要物理量及符号的一览表如卷首所示。本书使用的单位制为 SI 单位制，目前这种单位制被广泛用于世界各国。IS 单位制是 ISO（国际标准化机构）制定的单位制，SI 单位制的正式名称叫做国际单位制。在日本，曾被用于工程学单位制使用，1991 年以后规定使用 SI 单位。在表中，作为参考用还表示了工程学单位制。

SI 单位与工程学单位都是米制的单位制，长度的基本单位均为"m"，重量的工程学单位为重量"kgf"，而在 SI 单位中质量"kg"为基本单位量。此外，时间在 SI 单位中，秒"s"为基本单位量。

图 1.8 高楼林立的城区

图 1.9 阿兰布拉宫庭院（西班牙，格拉纳达）

◇ 练习题

1.1 请从建筑环境工程学考察的角度出发，对下述照片予以论述。

（1）都市的日照（图 1.8）（提示：受太阳移动、日影的影响）。

（2）阿兰布拉宫（图 1.9）（提示：蒸发冷却）。

1.2 从建筑环境工程学的视点出发拍摄具有特点的建筑物，并按照 1.1 中所提的要求进行说明。

1.3 举例说明如何利用再生能源（reweable energy）。所谓再生能源，就是指利用太阳热辐射、太阳能发电等的太阳能，以及水利、风力、地热、生物质能（bio mas）等。像石油、煤炭等资源不枯竭则被称为"可能再生"。

（1）列举可能能源的种类并加以说明。

（2）了解建筑中的利用方法。（提示：暖气房、冷气房、供热等热利用。作为电力的利用）。

（3）对所期望的效果进行说明。（提示：对建筑环境、都市环境、地球环境的影响。CO_2 排放量的降低等）。

■ 参考文献

1) 田中俊六・武田 仁ほか：最新建築環境工学，井上書院，2006.
2) 田中俊六・宇田川光弘ほか：最新建築設備工学，井上書院，2002.
3) 木村幸一郎：建築計画原論（新版），共立出版，1959.
4) 渡辺 要編：建築環境原論，丸善，1965.
5) 浦野良美・中村 洋：建築環境工学，森北出版，1996.
6) 木村建一：建築環境学 1，丸善，1992.
7) 木村建一：建築環境学 2，丸善，1993.
8) 環境工学教科書研究会編著：環境工学教科書，彰国社，1996.
9) Olgyay, V.：*Design with Climate*, Princeton University Press, 1973.
10) Lechner, L.：*Heating, Cooling, Lighting-Design Methods for Architects*, Wiley-Interscience, 1990.
11) http://www.env.go.jp/doc/toukei（環境省，平成 20 年版環境統計集）
12) 国土交通省住宅局監，省エネルギーハンドブック編集委員会編：住宅・建築省エネルギーハンドブック（2002），建築環境・省エネルギー機構，2001.
13) 建築環境・省エネルギー機構：住宅事業建築主基準の判断の基準ガイドブック，建築環境・省エネルギー機構，2009.

2. 气象与气候

气候因国家和地域的不同也有所不同，根据所在地域的气候，选择合理的建筑形态及材料，以及建造方法是实现室内环境舒适不可或缺的条件之一。所谓气象（weather），是指气温、气压等所表现的大气的状态及降雨等大气中的各种现象；而气候（climate）则多指某地域一年当中的综合的·统计的气象倾向。本章在对与建筑有着密切关系的气象要素进行说明的同时，还会涉及气候与建筑具有何种关系等相关知识。

2.1 气象要素

2.1.1 气温

室外气温是直接影响室内温热环境的最基本的气象要素，而且缓和室外气温的变化以形成一个舒适的室内环境是住所具有的最根本的功能之一。

气温（temperature）在一年当中发生周期性变化（年周期变化）的同时，在一天当中也会发生周期性的变化（日周期变化）。造成这种气温变化的主要因素就是太阳辐射（辐射平衡）。正如图2.1中所示，在太阳辐射多的晴天气温就会升高，一昼夜间最高气温和最低气温变化的差值——"日较差"（diurn al range）也大。相反，阴天·雨天的日较差就小。夜间气温下降，受有效辐射（2.1.4项）的影响地表温度就会下降。最低气温出现在日出之前。受地面热容量的影响，一般最高气温往往会出现在太阳辐射量最强的时刻向后推迟至午后的13：00～14：00。

与日气温变化的情况相同，年气温的变化受太阳辐射的影响也很大。在太阳的辐射角高、日照时间长的夏季，气温就高。不过与日变化相同，受地面或海洋热容量的影响，最寒月（月平均气温最低的月份）会比太阳辐射量变化的最小值向后推迟1～2个月；而7～8月是最暖月（月平均气温最高的月份，以北半球为例）。

气温除受太阳辐射量的影响外，还会受到海陆位置、洋流、海拔高度等的影响。从图2.2中可以看到，在亚洲内陆，其年较差（annual range）（最寒月平均气温与最暖月平均气温之差）就非常大。这是因为：与海洋相比，陆地的有效热容量大，特别是在冬季，受地表向大气散热的有效辐射的影响，近地表的气温就会大大降低。此外，内陆或沿海这种地理位置的不同不仅会影响到年变化，还会影响到日气温变化。也就是说，内陆具有日较差大的倾向。

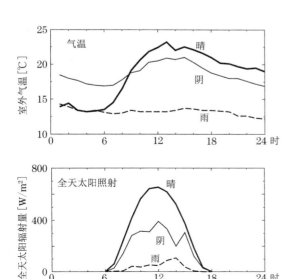

图2.1 天气不同对日气温变化的影响

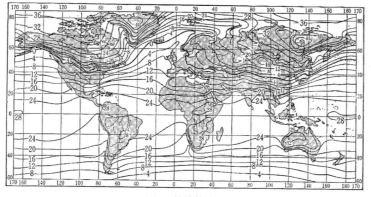

（a）1月份的分布

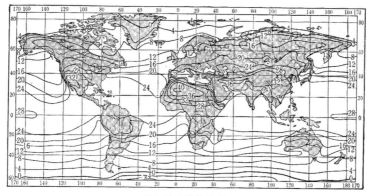

（b）7月份的分布

图 2.2   1 月及 7 月世界气温的分布（海面更正后）[1]

另外，我们从图中还可以看到：即便同样是在中纬度地域，欧亚大陆的大西洋沿岸因受洋流（墨西哥暖流）的影响，该地域 1 月份的平均气温就要比太平洋西海岸的平均气温高。除此之外，当海拔高时，随着气压的降低气温也会降低。当没有水蒸气凝结时，每升高 100m 气温就会降低约 1℃；而当有水蒸气凝结时，从理论上讲则会在气压·气温的影响下，每升高 100m 气温就会降低 0.4～0.8℃。

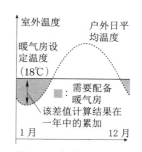

图 2.3   采暖度日数概念图

与一年中暖气房·冷气房负荷有关的室外温度统计计量一般采用"采暖度日数"（degree day）。例如，暖气房的 D_{18}，是指当某日室外日平均温度低于 18℃时，则按公式（2.1）对该日平均温度与 18 的差值进行计算，并将计算结果累加后就可以得到一年的采暖度日数。因其基本单位是"℃ × 天数"，故被称作"采暖度日数"（图 2.3）。

$$D_{18} = \sum_j (18 - \bar{\theta}_{o,j}) \tag{2.1}$$

其中，$\bar{\theta}_{o,j}$：日平均室外气温，j：$\bar{\theta}_{o,j} < 18℃$ 时的指数。

该数值主要用于比较区域间的暖气房负荷，以及采暖期度日数的简单计算。此外，数值 18℃ 一般多作为计算暖气房采暖度日数时室温使用的数值。另外，也有采用增加了冷气房采暖度日数及太阳辐射·内部发热等影响因素的"增项采暖度日数"（expanded degree day）。

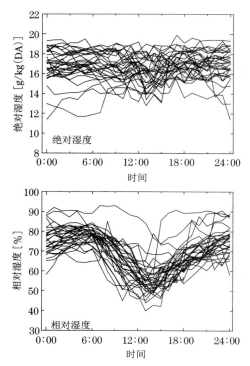

图 **2.4** 绝对湿度、相对湿度的日变化
（东京，2000 年 8 月）

*1 相对湿度是指"空气
中的实际水汽压与同温度
下饱和水汽压的百分比"。
绝对湿度则是指"单位体
积空气中所含水蒸气的质
量"（详见第 11 章）

2.1.2　湿度

室内的湿度取决于"室外湿度"（humidity）的大小，而且室内夏季闷热及冬季干燥也是由室外的湿度决定的。当使用空调时，为了调节室内的湿度，就需要对室内的空气进行除湿（水蒸气）或加湿，而用于这种除湿·加湿的负荷的大小也取决于大气的湿度。另外，潮湿的气候往往容易加速霉菌的繁殖，特别是会对木结构建筑的耐用性有所损害，对建筑的影响很大。

表示湿度的方式有很多种，其中最具代表性的表示方式就是相对湿度（relative humidity）和绝对湿度（humidity ratio）[*1]。一般日常经常使用的相对湿度单位用"%"表示，气温越高，相对湿度在 100% 时水蒸气，即饱和水汽压（satuated water vapor）时的质量及水汽压也就越大。所以，水蒸气的质量及水汽压是固定的，也就是说当绝对湿度一定时，温度越高相对湿度就越大。正如图 2.4 中所看到的，从大气的绝对湿度中看不到明确的日变化，只有覆盖该区域气团的交替变化等原因才会引起绝对湿度的变化。另一方面，因气温的日变化而使饱和水汽压发生变化，相对湿度具有白天小、夜间大的倾向。

大气的绝对湿度在一年当中的变化为：随着气温的变化，夏季绝对湿度大、冬季绝对湿度小。

2.1.3　太阳辐射量

太阳辐射量（intensity of solar radiation）就是指太阳向地球表面辐射电磁波的能量，又称日射量。通常，每单位时间、单位面积的值用"W/m²"表示。因太阳光一旦照射到室内就会使室内的温度升高，所以就需通过对窗户及遮挡等进行的各种设计，实现只在冬季获取太阳辐射热能的需求。另外，还可以作为太阳能发电及太阳能供热等的自然能源加以利用。

太阳辐射量受天气气候中的有无日照，以及太阳高度、大气水蒸气造成的散射·吸收的程度等因素的影响而发生变化。大气层外的太阳辐射量在法线面（垂直于太阳光线）为 1300 ～ 1400W/m²，但因大气造成的散射·吸收，即使地球表面是晴空万里的天气也只能达到 1000W/m²。像法线面以外，只能是小于该值的数值。

图 2.5 表示的是南铅垂面 1 月份太阳辐射量日累加值的平均值。在冬季南向太阳辐射量大的地域，可以考虑在建筑的南侧设置开口，以便室内能获取太阳辐射热。这样就可以维持冬季的室内温度，减少用于暖气房的能源。从图中可以看到，北太平洋一侧的太阳辐射量比日本海一侧要强，这是因为来自西北方向的季风容易使日本海一带的上空形成云层；而吹向日本列岛山脉另一侧的则是来自太平洋的干燥的风，所以容易形成晴好的天气。北海道东南部的沿海地域，因该地域气候寒冷且南面太阳辐射量强烈，所以有望通过能使阳光照射到室内的种种方法来改善室内环境。

2.1.4　有效辐射

辐射除有来自太阳的太阳辐射外，还有来自所有物体表面及大气中水蒸气分子等的辐射。[*2] 包括太阳辐射在内的这些辐射量入射到黑体（black boby）（指能够全部吸收入射的任何频率的电磁波的理想物体）上时，只能用其表面温度表示。大气也是按其温度向地球进行辐射，但辐射的比黑体还要少。大气散射（地球大气放射的辐射）量与黑体辐射量的差值就称作"夜间辐射"（nocturnal radiation）。

正如第 7 章中详述的那样，由绝对温度 T[K] 的黑体所发射出的辐射量 E_b[W/m²] 为：

$$E_b = \sigma T^4 \qquad (2.2)$$

（σ 是常数，5.67×10^{-8}W/m² · K⁴）。另外，T_a[K] 中的实际大气辐射量 [W/m²] 用下述公式表示：

$$E_\downarrow = \varepsilon_a \sigma T_a^4 \qquad (2.3)$$

其中的 ε_a 称作"大气折射率"，其变化与云的状况以及水汽压有关。公式（2.2）中所表示的黑体的辐射量与公式（2.3）的差值就是夜间辐射 E_n[W/m²]。即：

$$E_n = E_b - E_\downarrow = (1 - \varepsilon_a)\sigma T_a^4 \qquad (2.4)$$

另外，因可将地球表面看作是一个近似黑体，所以当地球表面的温度在 T_g [K] 时的地面放出的长波辐射就可按公式（2.2）进行计算，

$$E_\uparrow = \sigma T_g^4 \qquad (2.5)$$

大气与地球表面之间得到的实际辐射 [指向下和向上（太阳和地球）辐射之差，即一切辐射的净通量] 称作"有效辐射"（net long-wave radiation）或"净辐射"。有效辐射可用公式（2.5）和公式（2.3）的差值表示。即

$$E_{eff} = E_\uparrow - E_\downarrow = \sigma(T_g^4 - \varepsilon_a T_a^4) \qquad (2.6)$$

当地球表面温度与气温相等时，也就是 $T_g = T_a$ 时，公式（2.4）与公式（2.6）的值相同。也就是说，有效辐射与夜间辐射相同。[*3]

夜间辐射或有效辐射一般被称为"辐射冷却现象"。例如，夜间辐射大时，受屋顶向大气散射的实际辐射的影响，屋顶表面冷却。这时，屋顶表面的温度也就会低于大气温度。

图 2.6 表示的是上、下方向长波辐射量的实测例。向下的辐射量受雾的影响。8 月 9 日上午，因辐射量骤增而迅速形成了厚厚的云层。在由地面向大气散发的长波辐射与大气向地面散发的长波辐射（大气逆辐射）的作用下，白天天气晴好。这两者之间的差值就是有效辐射。

2.1.5　风

自然风与夏季打开窗户时的通风、关闭窗户时的缝隙风、机械换气产生的换气量的变化，以及燃烧设备排放的

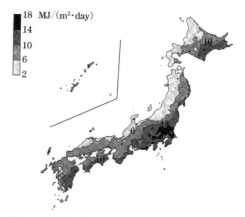

图 2.5　南铅垂面 1 月份太阳辐射量日累加值的平均值 [MJ/（m²·日）]（据标准年气象数据[2)]）

[*2] 但是，因该波长位于红外线波段上，所以肉眼是看不到的。这种辐射就叫做长波辐射（第 7 章）。

[*3] 据有关文献记载，与地球表面和气温无关。也有将有效辐射与夜间辐射按相同含义加以使用的。

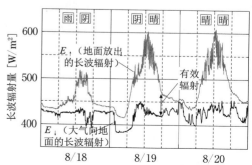

图 2.6　上下方向长波辐射量的实测例（据日本茨城县馆野的气象厅数据[3)]，2007 年 8 月）

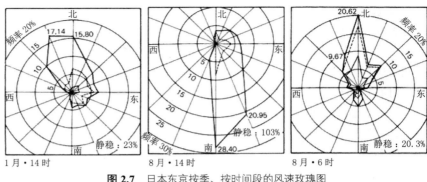

图 2.7　日本东京按季、按时间段的风速玫瑰图
——0.5m/s 以上；……0.6～3.3m/s；——0.6～1.7m/s

污染物的扩散等有关，而且对舒适性及安全性具有很大的影响。

风（wind）是由气压差所产生的相对于地面的活动，是由高气压地域流向低气压地域上的气流。*4 从时间上讲风的变化很快，在数秒内就会有细微的变化，所以风若是经过数日的变动，就会是一个范围广泛的周期性的变动。有关风的数据就是考虑了这种变化因素而进行统计后的结果。

在气象厅的观察数据中，风向·风速一般是指 10 分钟内的平均风向·风速；而"最大瞬时风速"则是指风速在数秒内短时风速的平均值。

风向玫瑰图（wind rose）简称风玫瑰图，也叫风向频率玫瑰图，表示某一时段的风向分布状况。在图 2.7 所示的风向玫瑰图中，风速 0.5m/s 以下的风（静稳型风）不在统计之列。从图中可以看到，即使是同一地域，因季节及时间段的不同，风向的分布也会有所不同。冬季的北风主要是从西伯利亚稳定的冷高压吹来的季风，但受地形等因素的影响，出现频数最多的盛行风（prevailing wind）只限于北风。从日本东京 8 月 14 日 6 时的风向玫瑰图中可以看到，白天刮南风，黎明时分则刮北风。这也许与海洋的某一方向十分开阔有关，一般沿海地域的风具有白天从海洋吹向大陆的海风，夜间则转成从陆地吹向海洋的陆风这一特点。

2.1.6　降水量

降水量（precipitation）与气温一样，是表示地域气候特征的代表性指标。降水量的统计值是按小时降水量、日降水量等在一定时间内的累加量表示的。除从云雾中降落到地面的液态水或固态水，如雨、雪、雹、霰等外，空气中直接凝结在地面或地物上而成的液态水或固态水，如露、霜等也都被统计在降水量之内。

图 2.8 表示日本年降水量的分布。在日本的很多地域，一到夏季降水量很多，这主要是受梅雨期台风产生大量降水的影响。从日本本州东北地方到本州中部临海的北陆地方的日本海沿岸，冬季降水量多则是因为冬季在季风影响下造成山区降雪增多的缘故。另外日本中部到九州的沿岸一带降水量多的主要原因在于，含有大量水蒸气的南风（湿空气）受沿岸山岳地形抬升而凝结并产生降雨。

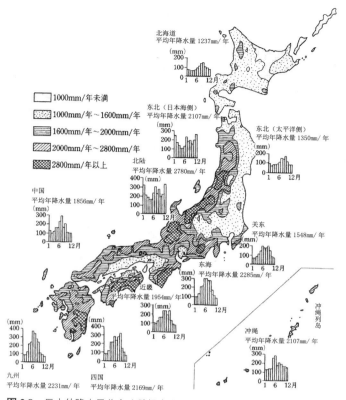

图 2.8 日本的降水量分布（数据来自日本国土厅·国土地理院的调查）[5]

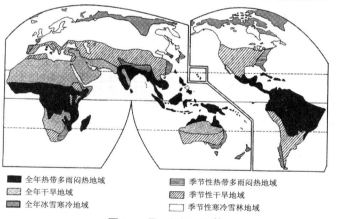

全年热带多雨闷热地域   季节性热带多雨闷热地域
全年干旱地域   季节性干旱地域
全年冰雪寒冷地域   季节性寒冷雪林地域

图 2.9 民居气候划分[6]

2.2 世界的气候与建筑

2.2.1 气候划分

    因国家·地域不同而有所不同的气候可按其共同的特性及类似点归纳成若干类型，并按一定的指标将全球（或某一范围）划分为若干区域，这就称为"气候划分"。气候分类的方法很多，例如"柯本（Kăpeen）气候分类"就是根据自然地理因素中植物群落、土壤和水文等的空间分布状况，对照气温和降水的分布特

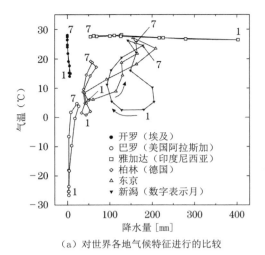

（a）对世界各地气候特征进行的比较

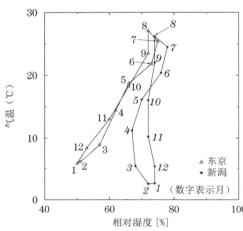

（b）对日本太平洋沿岸与日本海沿岸气候特征进行的比较

图 2.10　气象图（1971 ~ 2000 年的常年值）

征以及它们的不同组合，将全球气候归纳成不同的类型。博文（Bowen）根据民居形态的类似性将世界的暑热气候分为 4 类。图 2.9 是木村在这 4 类地域的分类上增加了寒冷地域后制成的。

从图中可以看到：南北回归线之间的区域大多都是"全年暑热地域"，赤道附近是"全年热带多雨闷热地域"，而其两侧则为"全年干旱地域"。全年热带多雨闷热地域的降水量多，全年都处于高温天气，植物繁茂。所以，该地域自古就有利用植物作建筑材料的习惯。像沙漠地带的全年干旱地域很少见到树木，除耐干旱的植物群落外其他植物几乎绝迹，所用的建筑材料是用泥土或岩石加工而成。对于见不到树木的地域，还可列举出高纬度地域的"全年冰雪寒冷地域"。而中纬度地带所形成的气候则是一种季节变化丰富的气候。

2.2.2　掌握气象图反映的气候特性

气象图（climograph）（图 2.10）是为掌握各地域气候特征，表示气温与湿度的月份图。因气象图是用横坐标·纵坐标来表示 2 个气象要素，所以一般 2 个坐标常被用来表示月平均气温和降水量。图 2.0（a）是反映世界各地气候特征的气象图。日本年降水量多，而且夏季气温高，几乎与热带地域（雅加达）不相上下。从横坐标表示湿度的图 2.10（b）中可以看到：在太平洋侧（东京），冬季相对湿度小；而在日本海侧（新潟），因季风带来的降雨·降雪，冬季的相对湿度也大。

2.2.3　气候与民居建筑

当前，因空调设备发达，世界各地所修建的建筑从外观上看都没有太大的区别。而新型建筑材料和设备出现之前的民居采用的则是适于该地域气候·风土的材料和建造方法。特别是在极端气候的地域，这种倾向就更为明显。下面，我们将对冰雪寒冷地域（苔原气候）、干旱地域（沙漠气候·草原气候）、热带多雨闷热地域（热带雨林气候）的民居建筑案例做一说明。

图 2.11 表示的是位于阿拉斯加北岸的爱斯基摩人居住的半地窨式房屋。房屋为木结构，房屋的主体上覆盖泥土，以防缝隙风的吹入。另外房屋大门距起居室很远，需经过地下通道才能到达，故而可以防止在进出时将外面的冷空气带入房内。在现代的建筑技术中，为营造一个舒适的室内环境，也需要考虑到建筑的密闭性。而从冰雪地带民居中就可以看到为提高房屋的密闭性所采取的种种措施。

图 2.12 所表示的是位于全年干旱地域~季节性干旱地域的突尼斯地下式民居。因干旱地域很少见到树木，所以那里的房屋多用泥土及土坯建造。该建筑是从设计成中庭的地基沿水平方向向地下挖掘成单间的。干旱地域的日较差大，有

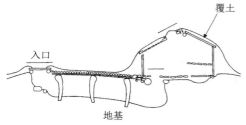

水平断面

图2.11 阿拉斯加北部滨海地带爱斯基摩人居住的半地窖式房屋（Barrow）[7]

图2.12 突尼斯的地下民居建筑[8]

些地方白天的室外温度可高达 40℃ 以上。地基具有缓和室内温度变化的作用，白天与室外气温相比可以保持室内的低温。即便不是照片中那样的地下建筑，像干旱地域那些夯土墙建筑及石材墙建筑也都具有减少室温变化的效果。另外，因窗户等开口部一般都比较小，这样白天的热风就很难进入房内。

图 2.13 表示属于全年热带多雨闷热地域的印度尼西亚民居。因该地域林木茂盛，所以很容易就可以得到竹木类建材。这些地域的特点是高温高湿、气温的日较差小，所以不能采用那种利用建材的热容量缓和室内温度变化的方法。与暑热干燥地域相反，热带地域的民居建筑开口部及缝隙多，一般多采用速生植物制成的建材搭建。这种房屋通风好，房内凉爽舒适，便于室内及土壤中湿气的排出。

图2.13 印度尼西亚的民居建筑[7]

2.3 城市气候

2.3.1 城市热岛

城市由于建筑及铺设致使地面被覆盖，以及人口稠密、工业集中所伴随的各种人类活动产生的散热等，形成了与自然状态不同的气候。从图 2.14 可以看到，日本的大都市（东京）与近郊城市（水户）相比，年平均气温的常年变化显著，东京的气温远远高于水户。同郊区相比城区温度升高，这一现象就像是浮在海上的岛屿，所以就被称作城市热岛（heat island）。

在郊区，照射在地表的太阳辐射使地面变暖，但来自地表及植物蒸发的水分具有抑制气温上升的作用。相反，城市中除了汽车及建筑物、来自工厂的"人类活动产生的散热"等影响外，因绿地的减少以及地面铺装及建筑物致使地面被覆盖等，通过水分蒸发达到的散热效果被大大降低，所以与郊区相比城市的气温容易上升。另外还有人提出，"天空透射系数"（sky factor）带来的辐射冷却的抑制作用以及大气污染造成的温室效应（greenhouse effect）等是产生热岛现象

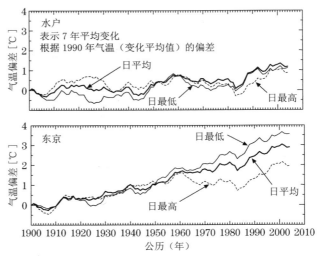

图 2.14 日本东京与水户的气温常年变化比较图（日本气象厅）

的原因所在。热岛现象带来的不良影响虽无法完全解释清楚，但仍能列举出夏季时的不适感以及日射病的增多、暖气房负荷缩减及供冷房负荷的增大、突降暴雨等许多不良后果。

　　图 2.15 是对建筑总面积占建筑用地面积比率（总容积率）的不同，以及住宅·商业等用途的不同对"人类活动产生散热"的影响进行测算后得出的结果[9]。在新宿总容积率高的商业地区，全区域"人类活动产生的散热"（753W/m²）相当于太阳辐射。另外从"人类活动产生散热"的构成来看，在新宿及日本桥那样的商业地区，建筑物产生的散热占大部分。建筑物产生的散热可进一步分为"显热"

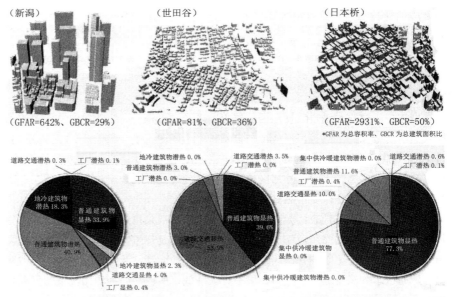

新宿：整个地区气温高 753W/m²　世田谷：整个地区气温高 33W/m²　日本桥：整个地区气温高 26W/m²

图 2.15 3 个地区的"人类活动产生散热"（夏季 14 时）[9, 10]

建筑物散热 24%
事务所散热 7%
集中供冷暖
散热 1%
汽车散热 21%
对流显热（来
自自然界的
增量）47%

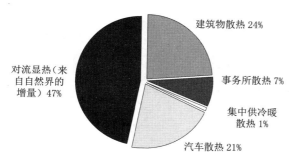

图 2.16 日本东京 23 个区的日平均显热散热构成比率

（sensible heat）和“潜热”（latent heat），它们的比率在不同的地域也有所不同。因与空调方式的不同 *5 有关，所以当显热造成的散热大时就容易引起气温上升。

图 2.16 表示东京 23 个区的日平均显热排热构成比率。该图包括除建筑物外其他地物产生的对流排向城市的热量以及来自自然界的增量，该比率接近 50%。建筑物排热所占比率约为 1/4 左右。

*5 当为空冷式空调房时，因散热装置与室外温度之差，来自室内的热气就会向室外散发（显热式散热）。另外，当为水冷式空调房时，则是通过冷却塔蒸发水分进行散热的（潜热式散热）。

2.3.2 城市与风环境

在城市中，受建筑物的影响近地表的风速很小，热量及大气污染物就有可能滞留在局部地区。从图 2.17 中可以看到：因风速对铅直分布有一定的影响，所以随着都市化发展，除近地面的风速会减弱外，其影响还会波及高空处。

另外，因建筑群的几何形状及风向的影响，还会发生局部地区风速增强的现象。这种由高层建筑引起的“狭管效应”现象就被称为“城市峡谷风”，由此就有可能发生楼宇设置物破损・坠落以及影响到步行者安全等问题。图 2.18 表示建筑物周围的强风范围。我们知道，所谓风速增加率就是指以没有建筑物状态下的风速为基准（＝1）的风速之比，而且在迎风一侧的建筑物两端容易发生由“剥离式空气涡流注）”所产生的强风，并出现风速增强的区域。即使建筑物的平面形状相同，但风向不同也会造成强风区域大小的不同。对于建筑物所在地区的盛行风的风向，建筑物立面面积小的布局就可以抑制强风范围的扩大。

峡谷风并不只受建筑物的形状的影响，其周围建筑物的平面布局及高度的不同，风的流动也有很大的不同。图 2.19 表示附近建筑物间距的不同对周围风速

注）风遇到建筑物时会改变方向紧贴墙面向下运动。当下沉的风遇到角隅等处的阻挡时，气流就会因受到挤压而离开墙面并形成涡流。这种空气涡流的风速远高于其周围的风速。这种现象就被称作“剥离式空气涡流”。——译者注

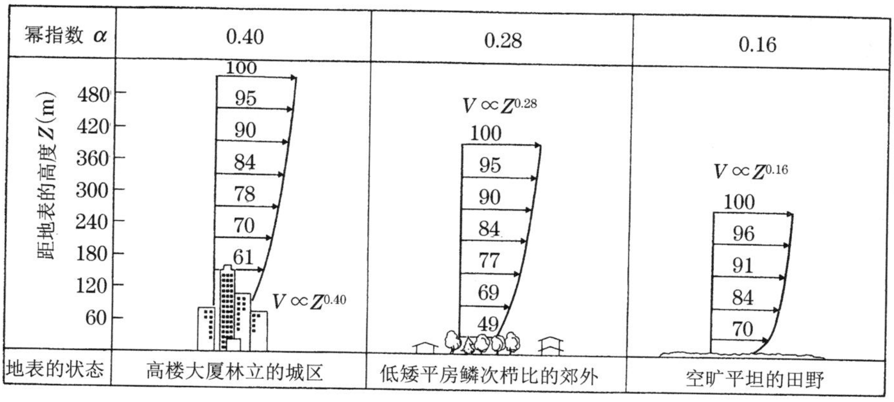

幂指数 α
0.40
0.28
0.16
距地表的高度 Z(m)
480
420
360
300
240
180
120
60
100
95
90
84
78
70
61
V ∝ Z^0.40
V ∝ Z^0.28
100
95
90
84
77
69
49
V ∝ Z^0.16
100
96
91
84
70
地表的状态
高楼大厦林立的城区
低矮平房鳞次栉比的郊外
空旷平坦的田野

图 2.17 地表面的状态与风速的分布

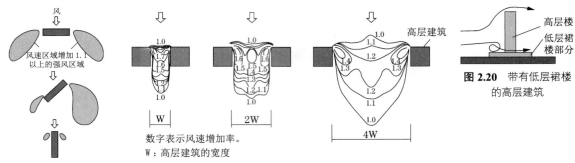

图 2.18　风向与强风区　　　图 2.19　建筑物配置间距与风速增强减弱的变化[11]
　　　　域的关系[11]

　　　　　　　　　　　　　　　　　　　　　　　　　图 2.20　带有低层裙楼
　　　　　　　　　　　　　　　　　　　　　　　　　　　　　的高层建筑

增加率的影响。附近建筑物间距狭小就会出现风速速率大的强风区域。相反，附近建筑物间距大，风速增加率 1.0 以上的区域就大。

　　一般作为应对城市峡谷风的措施，除了上面所说的对建筑物的形状·布局进行合理的设计外，还应采取一些相应的方法，如减少因建筑物两侧"墙面剥离式空气涡流"产生的强风范围，以及将建筑物的一部分设计成可供风穿行的"风道"等。对可能发生强风的场所，可以考虑设置绿植及风障、防风墙等。对于周边的建筑物，如果设计的建筑物远高于周围的其他建筑物就可能造成上空层的强风流向地面下沉至低层，地面的风速就会提高。图 2.20 中的设计案例表示，高层楼下降风的影响在低楼层屋顶遮挡的作用下，可以使近地面的风速得到缓解。

■ 参考文献

1)　福井英一郎編：自然地理学 1（朝倉地理学講座），朝倉書店，1966.

2)　日本建築学会編：拡張アメダス気象データ 1981-2001，日本建築学会，2005.

3)　http://www.gewex.org/bsrn.html（Baseline Surface Radiation Network；BSRN）

4)　日本建築学会編：建築設計資料集成　環境，丸善，1978.

5)　倉渕　隆：建築環境工学（初学者のための建築講座），市ヶ谷出版社，2006.

6)　木村健一・荒谷　登ほか：民家の自然エネルギー技術，彰国社，1999.

7)　Oliver, P. ed.: *Encyclopedia of Vernacular Architecture of the World*, Cambridge University Press, 1997.

8)　ポール・オリバー著・藤井　明　監訳：世界の住文化図鑑，東洋書林，2004.

9)　足永靖信・李　海峰・尹　聖皖：顕熱潜熱の違いを考慮した東京 23 区における人工排熱の排出特性に関する研究，空気調和・衛生工学論文集，92，pp.121-129，2004.

10)　日本建築学会編：建築環境マネジメント，彰国社，2004.

11)　木村建一・村上周三ほか：自然環境（新建築学大系 8），彰国社，1984.

12)　ヒートアイランド現象の解明に当たって建築・都市環境学からの提言，日本学術会議報告書，2003.

COLUMN 城市气候环境图集

在城市规划中，将当时的土地利用状况、风系、大气污染度汇总成地图集就被称作"城市气候环境图集"（klimaatlas）。力图将"城市气候环境图集"用于土地利用规划及建筑物布局的活动正在进行中。从图中所示的日本神户市滩区的案例中可以看到这样的提案：即在夏季白天海风影响下产生一条沿河川及道路穿行的风道，形成一个可带来冷空气网络的提案；以及依据夜间冷气流（山风）特性所做的区域规划·建筑物的布局等提案。

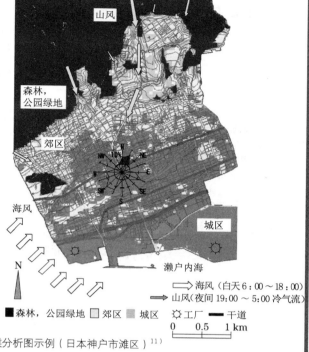

图 2.21　气候分析图示例（日本神户市滩区）[11)]

3. 日照与太阳辐射

*1　太阳辐射的数据分可用太阳辐射量和太阳辐射强度表示。太阳辐射量是累加值，1 小时的累加值，即每单位时间累加值用 [MJ/m²·h] 表示。太阳辐射强度为瞬时值，单位瞬时值则用 [MJ/m²] 表示。其中的瞬时值、累加值都是太阳辐射量，日累加值、月累加值等与每次都要与累加期间一起表示。

地球是靠距其 1.5 亿千米的太阳来提供 6000K 的辐射能源的。来自太阳的照射能源就是太阳辐射（solar radiation）*1，又称日射。因太阳辐射含有可见光，所以也可以说热和光的能源都是由太阳提供的。

照射在地球上的太阳辐射是各种气象现象的产生之源，与地球表面上建筑物的自然暖气房效果以及利用太阳能等有一定的关系。另外，植物的光合作用及太阳能发电等对太阳能利用也非常重要。与太阳辐射相提并论的还有日照（sunshine）一词。当着眼于紫外线消毒、采光等利用太阳光时大多都要用到日照。另外，日照问题就是指周围建筑物的日影，即阳光照射在建筑物上所形成的阴影对相邻建筑物采光的影响。这时的日照即表示太阳的直射光。

可见，太阳辐射一词主要用于太阳的辐射热及能源方面，而日照一词则主要用于太阳光照的时间方面。

3.1　日照与太阳辐射的基本性质

3.1.1　太阳与地球

太阳辐射是外部提供给地球的唯一的巨大能源。每年照射到地球上的太阳辐射量只占太阳辐射量的两万分之一，但这就足可以满足整个地球全年所需的能源。在照射到地球的太阳辐射中，除从地表所反射的约 1/3 的太阳辐射外，其余 2/3 的太阳辐射才能到达地球并被吸收。被吸收的太阳辐射的分量可使地球变暖，地球表面向宇宙散射的长波长（参见第 7 章）也可以放热。两者均衡后整个地球的平均温度维持在 15℃。地球气候变暖的现象是由于大气中的二氧化碳浓度上升，致使长波长散射的放热受阻，从而造成地球大气温度升高。

地球在近圆轨道上朝一方向绕太阳公转，公转的周期为一恒星年（图 3.1），地球与太阳的平均距离为 1.5 亿千米，年变动为 ±3% 左右。太阳与地球的相对距离叫做"矢径"。矢径的数值如表 3.1（P.22）所示。

地球绕自转轴自西向东自转，自转周期为一日。称为"黄道面"的地球公转轨道面对地轴呈 23°27′ 倾斜，这就决定了太阳高度在一年当中的变化，而且放射在地表的太阳辐射量也会随季节而变化。大气层外的太阳辐射是计算照射到地表及建筑物表面的太阳辐射量的基础。地表的太阳辐射受天气的影响很大，而大气层外的太阳辐射量则不受大气的影响，只有太阳活动和日地距离的变化等才会引起地球大气层上部太阳辐射能量的变化。太阳辐射量因太阳辐射的照射面和太阳光线朝向而会有所不同，所以将法线面的太阳辐射量作为

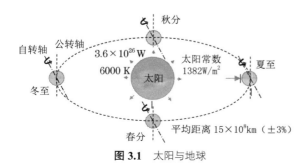

图 3.1　太阳与地球

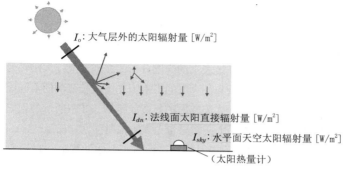

图 3.2　地表的太阳辐射

标准的太阳辐射量。大气层外的法线面太阳辐射量被称作"太阳常数"（solar constant）。准确地说地球与太阳的距离每天都发生变化，所以大气层外的太阳辐射量也或多或少都会有所变化。年平均的大气层外法线面的太阳辐射量，即地球在日地平均距离处时，太阳光垂直的大气层外单位面积每单位时间所接受的所有波长的太阳辐射总能量就是"太阳常数"，太阳常数的值为 1382W/m²。

图 3.2 表示地表上的太阳辐射。入射到大气层的太阳辐射受大气的影响，分为太阳直接辐射、天空辐射。太阳辐射通过大气，一部分到达地面，称为太阳直接辐射；另一部分被大气的气体分子、大气中的微尘、水汽等吸收、向下散射和反射的太阳辐射就是天空辐射，又称太阳漫射辐射。太阳总辐射，即全天太阳辐射，就是指地面接收的太阳直接辐射与散射辐射之和。晴天时，太阳总辐射量为 600 ～ 1000W/m²。

3.1.2　太阳辐射的波长分布

从图 3.3 所示的太阳辐射光谱分布（spectral distribution）中就可以得知，太阳辐射能量的光与热等波长所决定的性质。可见光范围的波长为 380 ～ 780nm。短于可见光的波长范围就是紫外线，长于可见光的波长范围则是"红外线"（infrared rays）。因太阳辐射具有类似于 6000K 黑体放射波长分布的可见光等波长短的部分能量大这一光谱特性，所以太阳辐射属于短波长辐射（short

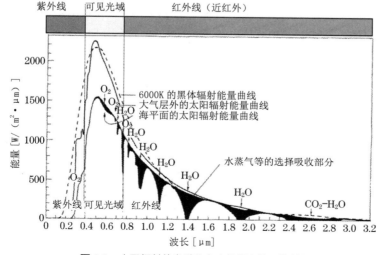

图 3.3　太阳辐射的光谱分布（根据文献 3 绘制）

*2 在室外进行日光浴、紫外线浴属于健康疗法的一种，但现在多主张为防止阳光灼伤，最好还是尽可能避免紫外线的照射。

wave radiation)。像被称为长波长放射（long wave radiation）的室温及室外气温等那种常温附近放射的光谱分布，其波长长的部分能量大。波长在可见光紫端到 X 射线波长之间的电磁辐射就叫作"紫外线"（ultraviolet rays）[*2]。

图 3.3 中还表示了照射在地表上的光谱分布。在地表上，太阳辐射受大气构成分子的影响，呈衰减的波长分布。大气的影响因光谱波长范围的不同而异，而且会被水蒸气及二氧化碳等吸收。太阳辐射的热能就是图 3.3 中所示的太阳辐射光谱分布的全波长的累加值，这就是太阳辐射量［太阳辐射强度（solar intensity）］。

在对窗户及外墙吸收太阳辐射热等进行的实用性计算中，对于太阳辐射的光谱分布可不必特别关注。但是，对于以照射建筑材料的性质为基础而整理的玻璃吸收太阳辐射热的相关数据，应理解并掌握。表示被照射材料物理性质的透过率、吸收率、反射率，因材料、波长的不同其性质也有很大的不同。例如，玻璃在可见光域中透过率很大，但在常温附近的长波长辐射中的透过率几乎为零。对于玻璃，也有将可见光透过率与太阳辐射透过率等光学性质放在光谱范畴加以表示的。

地表的太阳辐射波长分布也受大气质量的影响。大气质量 m 透过大气的相对距离，用太阳高度 h 表示。除去地球曲率影响的日出、日落，$m=1/\sin h$。太阳的高度低，太阳辐射穿过大气的距离就长，并因大气影响而出现的散射、衰减就大。

3.2　太阳的位置

3.2.1　太阳位置的计算

太阳的位置用"太阳高度"（solar altitude）与"方位角"（solar azimuth angle)的一组角度表示。图 3.4 表示太阳高度、太阳方位角的定义。伴随每日的变化，太阳的位置以一年为周期发生改变。日变化的原因是地球自转所引起的，而年变化的原因则是因为地球公转面的法线与地轴倾斜所致。因此，各个不同时刻的太阳位置就是每日的变化。因地球上的位置是用纬度、经度表示的，所以要想求得太阳的位置就需要知道其所处地点的纬度和经度。即使是同一时刻，因纬度的不同太阳的位置也会有所不同；而在纬度相同、经度不同的地点，尽管太阳的位置相同，但在一天之内也会有时间差。利用太阳的位置可以对建筑物的配置及窗面的遮阳进行研究。另外，对于太阳辐射量的计算来说，太阳的位置也是不可缺少的条件之一。

太阳高度可用公式（3.1）进行计算。另外，太阳方位角可用公式（3.2）、（3.3）求出。正如公式（3.3）所示，应当注意的是求方位角 A 时的符号需与时间角度

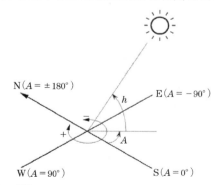

太阳高度 h : 0 ～ 90°
太阳的方位角 A : － 180°（北）～－ 90°（东）～ 0°（南）～ 90°（西）～＋ 180°（北）

图 3.4　太阳位置的表示

的符号 ω 要一致。

$$\sin h = \sin \varphi \sin \delta + \cos \varphi \cos \delta \cos \omega \qquad (3.1)$$

$$\cos A = \frac{\sin h \sin \varphi - \sin \delta}{\cos h \cos \varphi} = CA \qquad (3.2)$$

$$A = \begin{cases} \cos^{-1}(CA) & (\omega \geqslant 0) \\ -\cos^{-1}(CA) & (\omega < 0) \end{cases} \qquad (3.3)$$

$$\omega = (t_{as} - 12) \times 15 \qquad (3.4)$$

$$t_{as} = t + E + \frac{L - L_s}{15} \qquad (3.5)$$

$$L_s = TZ \cdot 15 \qquad (3.6)$$

其中，h：太阳高度 [°]，A：太阳方位角 [°]，φ：纬度 [°]，δ：太阳赤纬 [°]，ω：时间角度 [°]，t_{as}：真太阳时 [h]，t：标准时 [h]，E：平均时差 [h]，L：经度 [°]，L_s：标准子午线的经度 [°]，TZ：以世界时为基准的标准时的时区 [h]。

计算的地点用纬度、经度表示，纬度表示北半球为正、南半球为负；经度表示东经为正、西经为负，公式（3.1）～公式（3.6）适用于地球的所有地点。太阳赤纬 δ 是从地表看到的天球赤道面的太阳高度，一年当中在 -23°27'（冬至）～+23°27'（夏至）的范围内发生变化。春分及秋分的太阳赤纬约为 0°。

时间角度 ω 是将 1 小时作为 360°/24 小时 = 15°/小时，是用角度表示时间。时间以正午为 0°、上午为负、下午为正，用 0°～±180° 加以表示的。有关太阳位置的时间采用的是真太阳时。至于日常使用的时间,日本采用的是"日本标准时间"。除真太阳时与地方时外，还可以考虑采用平太阳时与真太阳时的时刻之差——"均时差 E"。之后便可用公式（3.4）、公式（3.5）计算时间角度。日本的时区为 $TZ = +9$，标准子午线为东经 135°。

表 3.1 表示各月 21 日太阳赤纬（日赤纬）（solar declination）、均时差及矢径各月 21 日的大概值。太阳赤纬、时差的准确值每年都有一些变化。[*3] 每年的值在理科年表（丸善）中表示。此外，太阳赤纬、均时差的正确计算程序有山崎提供的相关材料[1)]。用于表 3.1 计算的全天、太阳赤纬、均时差、矢径等太阳

[*3] 太阳赤纬 δ[14)]，均时差 EI[14)]

$$\sin \delta = \sin 23.45 \sin B$$
$$\qquad = 0.397949 \sin B$$
$$E = 0.1645 \sin 2B$$
$$\qquad -0.1255 \cos B$$
$$\qquad -0.025 \sin B$$
$$B = 360(n-81)/365$$

大气层外太阳辐射量 I_{sc} 的近似式

$$I_o = I_{sc}\{1 + 0.033 \times \cos(2\pi n/365)\}$$

COLUMN 时间用语

真太阳时（apparent solar time, true solar time）：太阳自南中到翌日南中的时间间隔为 1 日，叫做真太阳日，1 真太阳日又分为 24 真太阳时。因地球绕太阳运动的轨迹为椭圆以及太阳赤纬的变化，所以真太阳时的 1 日（真太阳日）在一年中的变化是不均匀的。

平太阳时［地方平均太阳时（mean solar time）］：一年中真太阳日的平均，并且把 1/24 平太阳日取为 1 平太阳时的时间体系。

均时差（equation of time）：真太阳时与平太阳时的时刻之差。每日均发生变化，变化周期约为 1 年。

世界时：以在格林尼治子午线（东经 0°）上测得的平子夜起算的平太阳时为标准的时间体系。这种由格林尼治平子夜起算的平太阳时就称为世界时，就是通常所说的格林尼治标准时间 GMT（Grenwich Mean Time）。

标准时［区时（standard time）］：按世界统一的时区系统计量的时间，是以各国及地域的子午线为基准的平均太阳时，并规定每一个时区约为经度 15°，即全世界按统一标准划分时区，实行分区计时，各标准时也用于世界时时差表示的时间区域 TZ 表示。

中央标准时［日本标准时间（Japan Standard time，缩写：JST）］：是以东经 135° 线的子午线为基准的地方平均太阳时，为世界时 + 9 小时（GMT + 9 小时）。

夏令时：是人为将地方时间提前 1 小时的时间体系，夏令时的适用期间为 $TZ + 1$。欧美地区的很多国家及地域都适于在 3 月下旬至 10 月下旬期间采用夏令时。虽然 1 天采光的时间没有变化，但日出与日落的时间总共推迟了 1 小时。夏令时也被称为 "summer fime, daylight saving time"。

各月 21 日的太阳赤纬·均时差·矢径 *   **表 3.1**

月份	各月 21 日全天	太阳赤纬 $\delta[°]$	均时差 $E[h]$	矢径 $r[-]$	大气层外的太阳辐射量 $I_0[W/m^2]$
1	21	-19.98	-0.188	0.9849	1425
2	52	-10.98	-0.236	0.9898	1411
3	80	-0.39	-0.131	0.9968	1391
4	111	11.33	0.020	1.0055	1367
5	141	19.98	0.059	1.0127	1348
6	172	23.45	-0.024	1.0166	1337
7	202	20.30	-0.101	1.0160	1339
8	233	11.51	-0.047	1.0108	1353
9	264	-0.20	0.129	1.0028	1374
10	294	-11.51	0.264	0.9944	1398
11	325	-20.30	0.224	0.9875	1417
12	355	-23.45	0.023	0.9841	1427

* 根据附录 1 中的①～⑤进行的计算。

的位置、太阳辐射量的计算程序在本书卷末附录 1 中列出。

【例题 3.1】 表示日本东京（北纬 35.68°、东经 139.77°）、12 月 21 日、11 时太阳位置的计算例。

［解］ （1）首先求出真太阳时。用公式（3.5）及表 3.1 的时差

$$t_{as}=11+0.023+\frac{139.77-9\times15}{15}=11.341$$

时间角度为：$\omega=(11.341-12)\times15=-9.885°$

（2）太阳赤纬用表 3.1 求太阳的高度、方位角。

$$\sin h=\sin(35.68)\sin(-23.45)$$
$$+\cos(35.68)\cos(-23.45)\cos(-9.885)=0.502$$
$$h=\sin^{-1}(0.502)=30.13°$$
$$\cos A=\frac{0.502\times\sin(35.68)-\sin(-23.45)}{\cos(30.13)\cos(35.68)}=0.9832$$
$$A=-\cos^{-1}(0.9832)=-10.5°\quad\omega<0$$

【例题 3.2】 计算出日本东京冬至（12 月 21 日）的太阳位置。

［解］ t_{as}，$\sin h$，A 可用附录 1 中的⑥～⑧进行计算。如果以此为基础用表计算软件，就可以得到表 3.2。另外，下节 3.3.1 项中的（5）日影长度、（6）日影方位为 L＝1，可用公式（3.7）、公式（3.8）计算。

日本东京的太阳位置（12月21日）　　　**表3.2**

纬度 =35.68　经度 =139.77　*TZ* = 9

月·日　　12　21

标准时	真太阳时 *	高度 *		方位角 *	日影长度	日影方位
	(1) t_{as}	(2) $\sin h$	(3) h	(4) A	(5) $1/\tan h$	(6) A_s
6	6.34	0.000	0.0	0.0		
7	7.34	0.024	1.4	−59.5	41.34	120.5
8	8.34	0.197	11.3	−49.9	4.99	130.1
9	9.34	0.340	19.9	−38.7	2.77	141.3
10	10.34	0.444	26.4	−25.5	2.02	154.5
11	11.34	0.502	30.1	−10.5	1.72	169.5
12	12.34	0.510	30.7	5.5	1.69	−174.5
13	13.34	0.468	27.9	20.9	1.89	−159.1
14	14.34	0.377	22.2	34.7	2.45	−145.3
15	15.34	0.246	14.2	46.6	3.94	−133.4
16	16.34	0.081	4.7	56.6	12.23	−123.4
17	17.34	0.000	0.0	0.0		

* （1）～（4）的各数值可按附录 1 中所示的计算程序求出。使用的函数为：
　　（1）真太阳时 t_{as}：S_Time_as()
　　（2）高度 $\sin h$：s_sinh()
　　（3）高度 h：Asin()
　　（4）方位角 A：DEGREES()

3.2.2　太阳位置图

　　将太阳位置的变化用图加以表示就是"太阳位置图"（sun path diagram）（图 3.5）。[4] 图中横轴为太阳的方位角、纵轴为太阳的高度,表示日本的札幌、东京、那霸在各月 21 日全天的太阳变化。对于 1～5 月和 7～11 月,1 月与 11 月、2 月与 10 月等采用相同的线段表示,即使是同一时刻但不同月份的太阳位置也不

[4]　太阳位置图中包括圆形的正投影图、等距投影图等。与图 3.5 相比虽有不易看到的面,但优点是将其与鱼眼镜头拍摄的画面重叠时就可以用于对日照状况的调查。

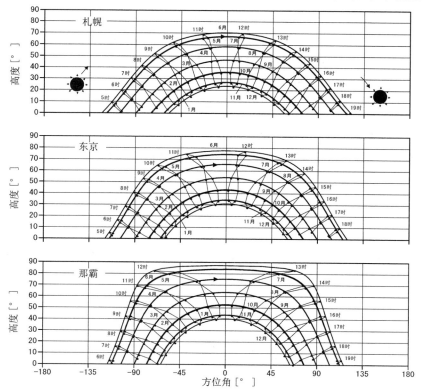

图 3.5　太阳位置图
　（制图：楠崇史）
图中由上向下为札幌（43°04′N，141°21E）、东京（35°41′N，139°46E）、那霸（26°13′N，127°41E）。

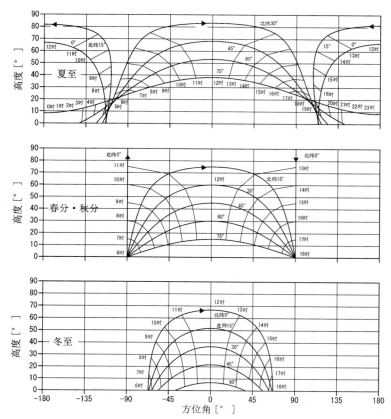

图 3.6 太阳位置的纬度形成的不同
（制图：楠崇史）

图中表示从上开始分别为夏至、春分·秋分、冬至、春分·秋分的赤道处，太阳从正东经过正上方向正西方向移动，所以图中可以看到正午 12 时向右连续移动的轨迹。

*5　南中时 $h_0=90-\varphi+\delta$

同是因为各月的时差不同所造成的。图 3.5 使用的是中央标准时，所以东京的"南中时"（culmination）即"正午"，札幌就要早于 12 时，而那霸则晚于 12 时。*5
从图中可以看到，在春分～夏至～秋分，即太阳赤纬为正的期间，太阳从东北方向升起，由西北方向落下。所以该期间的早晨及傍晚即使在北向也能见到太阳。如果从南中高度（正中高度。太阳到达观测点子午线时的高度）来看，东京夏至时为 77°46′，到了冬至则变化为 30°52′。

　　图 3.6 表示北半球的纬度与太阳位置的关系。太阳的位置用夏至、春分·秋分、冬至表示。高纬度地区夏季日照时间长，冬季日照时间短，夏季和冬季日照时间差大。相反，低纬度地区夏季与冬季的日照时间差小。到了夏至，处于从赤道到北回归线 [Toropic of Cancer（北），Toropic of Capricon（南）] 的范围。在北纬 0°（赤道上）和 15°地区，太阳全天都是从北向南照射，而不是从南向北照射。在北极圈（北纬 66°33′以北）的北纬 75°地区，太阳全天不落，一直处于白昼状态。在图 3.6（b）的春分·秋分，任何纬度地区的太阳都是从正东方升起，从正西方落下。因太阳终日都处于赤道上，所以太阳方位角在上午为 -90°，下午为 +90°。到了冬至太阳在北纬 75°线消失，所以北极圈昼夜不见阳光处于长夜状态。

3.3　日照与建筑物的配置

3.3.1　日影的变化

　　日影在建筑规划中十分重要，进行规划的建筑物的日影影响应通过制作日影图（sun shadow diagram）等对周围建筑物采光的影响进行研究。图 3.7 中阳光

照射在立于水平地面上的垂直棒的投影，是研究建筑物日影的基础。投影的方位
与太阳的方位相反，投影的长度用公式（3.7）表示。

$$L = \frac{H}{\tan h} \tag{3.7}$$

其中，H：垂直棒的高度 [m]，L：垂直棒投影的长度 [m]。另外，投影的方
位角 A_s 用太阳的方位角 A，即

$$A_s = A + 180 \quad (A < 0 \ （上午）)$$
$$A_s = A - 180 \quad (A \geqslant 0 \ （下午）) \tag{3.8}$$

【例题 3.3】 求出东京 12 月 21 日 11:00 $H = 10$m 的垂直棒
的日影方位与长度。

［解］ 从例题 3.1 中得知太阳高度为 30.1°、太阳方位
角为 -10.5°。从公式（3.7）、公式（3.8）中可以求出
日影的长度及方位角分别为

$$L = H/\tan(30.1) = 17.24 \ \text{m}$$
$$A_s = -10.5 + 180 = 169.5°$$

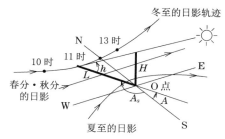

图 3.7 垂直棒的投影

图 3.8 表示各月垂直棒在水平面上的投影上端的轨迹线。
垂直棒的高度为图中所示的单位长 l，投影的长度用该单位长度的倍率表示。因太
阳光是平行光，所以可以用图 3.8 绘制建筑物的日影图。图 3.9 表示的建筑物为
长方体状。用图 3.9 的 "0" 表示的一边应与垂直棒一致。建筑物的高度为垂直棒
的高度。因投影的长度用垂直棒高度的倍率表示，所以建筑物的高度乘以倍率就
可以得出实际投影的长度。图 3.9 所示的建筑物日影图就是以此为据绘制而成的。

3.3.2 建筑物的配置与日影

从太阳辐射形成的暖气房效果及采光这一点来说，确保冬季晴天时的日照量
是非常重要的，特别是在住宅中，人们都希望能有一个采光好的居住环境。日照

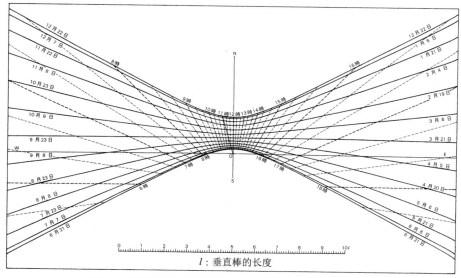

图 3.8 水平面日影曲线 [北纬 35°，根据参考文献 4) 绘制]

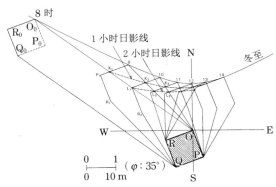

图 3.9　日影图的制图方法［根据参考文献 4）绘制］

的有无（日照条件）可以采用下述方法：从太阳的位置判断晴天时有无太阳的直射光射入。

在气象中，将一天内太阳从地平线升起，直到落入地平线之下的全部时间称作可照时数，也即一天内可能的太阳光照时间。而作为气象数据，则将太阳直射光线不受地物障碍及云、雾、烟、尘遮蔽时实际照射地面的时数称作实照时数，即日照时数。建筑环境中"日照时间"的定义是指气象中的可照时数的概念。都市中建筑物间的日影影响多用"日照时间"表示，主要指一天内太阳不受遮挡的实际照射时数。为此，出现了由太阳位置的日变化及季节变化所引起的日照问题的议论。

通常对日照条件进行研究时采用的是太阳高度最低的冬至时的太阳位置。《建筑基本法》中规定，在做建筑规划时对邻地的日影影响应用日影时间表示，冬至时应限制影响相邻建筑物采光的日影时间。

正如图 3.10 所示，可以根据每小时的日影图绘制出日影时间图。日影时间图就是将阳光照射在所规划建筑物而形成阴影的时数标在建设用地及邻地图纸上，这样就可以判断影响周围建筑采光的日影时间是否在容许范围内。

图 3.10 是表示日影图与日影时间图的制图示例。在图 3.10（b）中，建筑物的北侧终日均为阳光照射不到的阴影。这种阴影被称为"终日影"。做成夏至日影图时，当夏至那天也有终日影时，因全年都是阳光照射不到的阴影，所以被称作"永久影"。

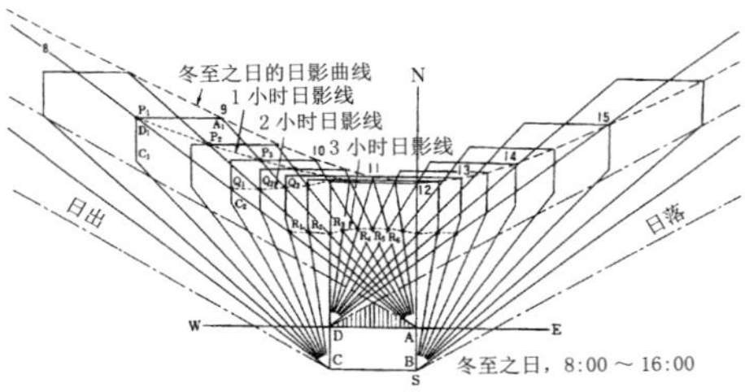

图 3.11 表示两栋建筑物的日影时间图。在该图中，因两栋建筑物的相互作用，在距建筑物不远呈岛状的一处可以看到 4 小时的日影时间。这种发生在距建筑物不远处的日影就被称为"岛状影"。

3.3.3　邻栋建筑物间距与阳光曲线

邻栋建筑物间距对于研究连栋建筑物的日照条件非常方便。正如图 3.12 所示，能够确保日照时数（日照时数：用建筑物间的间距 D 和建筑物高度 H 之比表示）的建筑物间的间距就是邻栋建筑物间距，即建筑容积率。邻栋建筑物间距的研究通常采用冬至时的太阳位置

$$邻栋建筑物间距 = H/D \qquad (3.9)$$

求解出确保的日照时间与邻栋建筑物间距的关系，这样就可以得知一天当中太阳位置的变化。图 3.13 表示用阳光曲线对邻栋建筑物间距进行研究的方法。阳光曲线是指将图 3.8 所示的日影曲线作为点 0 的点对象图，从水平面上的点开始对看到太阳时的阳光与位于高度 l 平面的交点轨迹绘制而成的。如果前面高度 l 的墙壁位于阳光曲线的北侧，这一时间水平面上的任意点 P 都是日影；而如果墙壁位于阳光曲线的南侧，就可以确保点 P 的日照。

（a）日影图与等时间日影线（北纬 35°）

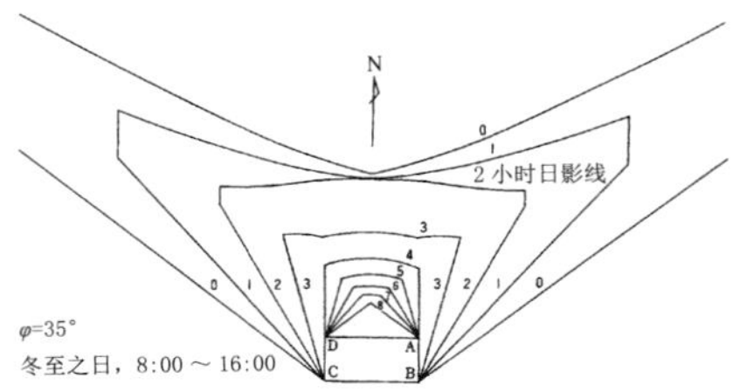

（b）日影时间图［根据（a）］

图 3.10　日影线的制图方法与日影时间图 [5]

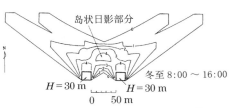

图 3.11　两栋建筑物的日影时间图 [6]

下面考虑一下高度 H 的连栋建筑。首先，以合适的比例将图中的高度设为 l。因与连栋建筑的方位一致，所以为保证与连栋北侧方位一致就需绘制一条通过点 O_2 的墙面线 a_1。然后将应必须确保的日照时间设为 l_2-l_1，为保证一定的日照时间则需绘制 1 条平行于 a_1 的直线 a_2。a_2 是高度 l 的前方建筑物内侧（北侧）墙面线。如果从 a_2 开始的北侧就有阳光曲线的话，这个时间就是点 P 处有日照，所以在 l_2-l_1 的时间带时日照就可以得到保证。若这时 a_1、a_2 的间隔为 d，则

$$D/H = d/l \qquad (3.10)$$

这样，就可以得到能够确保日照时间的邻栋间距了。[*6]

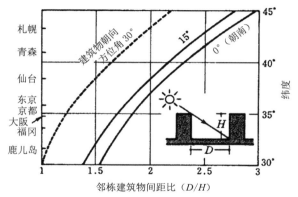

图 3.12 邻栋建筑物间距[7]

大于方位角 15° 的情况也包括上午 9 时之前或下午 3 时之后太阳高度低时的日照时间。

3.4 太阳辐射量

3.4.1 晴天太阳辐射量的计算

晴天时的太阳辐射量（clear sky insolation）适合于理解方位及季节时太阳辐射量的性质。晴天（假设是万里无云的晴天）时的太阳辐射量可根据大气透过率（atmosphere transmittance）与太阳的位置进行计算后得出。首先计算法线面太阳直接辐射量与水平面天空太阳辐射量，并用所得值求解入射到任意表面的太阳辐射量。太阳辐射量的计算程序如卷末附录 1 中所示。

大气层外太阳辐射量的太阳常数为 I_o、矢径为 r，可用下述公式计算：

$$I_o = I_{sc}/r^2 \qquad (3.11)$$

法线面太阳直接辐射量因大气的影响而发生散射、衰减，所以用大气透过率 P 在公式（3.12）中进行计算。公式（3.12）被称为"布格公式"（Bouger's equation）。

$$I_{dn} = I_o P^{1/\sin h} \qquad (3.12)$$

天空辐射是指通过大气的太阳辐射在大气中散射入射到地表的太阳辐射量。晴天时水平面天空辐射的计算方法有很多，但与太阳直接辐射相比，大气层外的太阳辐射量在大气中散射后到达地表过程的计算模型要复杂得多。公式（3.13）采用的是"永田公式"[16]，对于大气层外的太阳辐射与太阳直接辐射之差，与用〔 〕表

[*6] 可确保各时间段日照的建筑物间距如下所示。当设想为连栋建筑，并确保某一时刻日照在图 3.13 中点 P 时的间隔为 D_t 时，其公式为

$$\frac{H}{D_t} = \tan \phi$$
$$= \frac{\tan h}{\cos(A - W_A)}$$
$$D_t = H \frac{\cos(A - W_A)}{\tan h}$$

应当每天都根据前面建筑的物高度 H 与方位 W_A，对各时间段的必要间隔 D_t 进行研究，也可以对建筑间距与日照时间的关系进行研究。图 3.14 是时间为 t_1、t_2 时的示例。

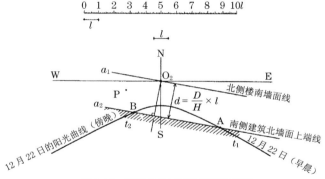

图 3.13 阳光曲线与邻栋建筑物间距

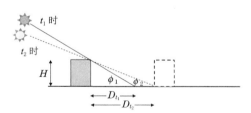

图 3.14 为确保各时间段的日照时间所规定的间距 D_t

示的大气透过率及太阳高度有关的值表示散射的太阳辐射中到达地表的比例。

$$I_{sky} = (I_o - I_{dn}) \sin h \left[(0.66 - 0.32 \sin h)\{0.5 + (0.4 - 0.3P) \sin h\} \right] \quad (3.13)$$

在日本，天空扩散光的推算公式——贝尔拉格（Berlage）公式[17],[*7]也一直被使用。

公式（3.12）、公式（3.13）中也有大气透过率 P。不同地域大气透过率有很大的不同。因受大气中水蒸气的影响，日本大气透过率具有与冬季相比夏季偏小的倾向。表 3.3 表示各月的大气透过率值。

[*7] I_{sky}
$= 0.5 I_o \sin h$
$\times \dfrac{1 - p^{1/\sin h}}{1 - 1.4 \log_e P}$
$= (I_o - I_{dn}) \sin h$
$\times \left[\dfrac{0.5}{1 - 1.4 \log_e P} \right]$

大气透过率 P[–]   表 3.3

1 月	2 月	3 月	4 月	5 月	6 月	7 月	8 月	9 月	10 月	11 月	12 月
0.80	0.76	0.72	0.69	0.68	0.67	0.66	0.68	0.71	0.75	0.77	0.79

根据银盘日射表测得的太阳直接辐射量观测值，1969～1978 年，日本全国 14 个观测点的平均值。

3.4.2 建筑物外表面的太阳辐射

窗户及外墙通常都是垂直的，而屋顶则是倾斜面或水平面。在太阳辐射的计算中，一般建筑物外表面用倾斜角和方位角定义的面被称为"倾斜面"。因到达地表的太阳辐射分为太阳直接辐射和天空辐射两种，所以需要求出直达法线面和从天空呈倾斜面入射的太阳辐射量。另外，在水平面以外的还有来自周围的反射的太阳辐射。因此，入射到倾斜面的太阳辐射就是太阳直接辐射、天空辐射、反射的太阳辐射总和，称之为"太阳总辐射"。图 3.15 表示入射到建筑物表面的太阳辐射。

入射到倾斜面的太阳辐射是太阳直接辐射、天空辐射、反射日射总和，用公式（3.14）表示：

$$I_e = I_d + I_s + I_r \qquad (3.14)$$

其中，I_e：投向倾斜面的太阳总辐射量 $[W/m^2]$，I_d：投向倾斜面的太阳直接辐射量 $[W/m^2]$，I_s：投向倾斜面的天空辐射量 $[W/m^2]$，I_r：投向倾斜面的反射的太阳辐射量 $[W/m^2]$。

a. 入射角与太阳直接辐射的计算

正如如图 3.16 所示，太阳直接辐射是根据法线面太阳直接辐射与入射角（incident angle）进行计算的。入射角是用太阳位置与倾斜面的倾斜方位角求出的。

$$\cos \theta = \cos W_T \sin h + \sin W_T \cos h \cos(A - W_A) \qquad (3.15)$$

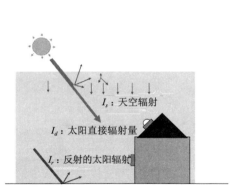

图 3.15 入射到建筑物外表面的太阳辐射

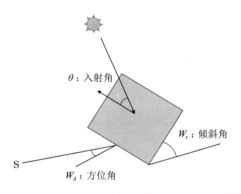

示例：垂直面 W_r=90°，水平面 W_r=0°
南面 W_A=0°，东面 W_A=-90°

图 3.16 倾斜面的倾斜角与方位角

其中，θ：入射角［°］，W_T：倾斜面的倾斜角［°］，W_A：倾斜面的方位角［°］。上述公式可适用于任意外表面计算的普通公式。但如果限于垂直面及水平面的计算时，可简化为公式（3.16）～公式（3.17）。

　　垂直面的计算：当 W_t=90° 时　　$\cos\theta=\cos h \cos(A-W_A)$ 　　　　（3.16）

　　水平面的计算：当 W_t=0° 时　　$\cos\theta=\sin h$ 　　　　　　　　　　（3.17）

入射到倾斜面的太阳直接辐射量可根据法线面太阳直接辐射量与入射角进行计算

$$I_d=I_{dn}\cos\theta \tag{3.18}$$

b. 对天空的形态系数与天空辐射的计算

　　入射到倾斜面的天空辐射是从倾斜面所看到的天空的形态系数和从水平面天空太阳辐射量进行计算的，其模型与天空辉度的模型相同，使用范围广泛。

$$F_s=\frac{1+\cos W_T}{2} \tag{3.19}$$

$$I_s=I_{sky}F_s \tag{3.20}$$

其中，F_s：从倾斜面所看到的天空的形态系数［-］。另外，当为水平面时 F_s=1；但为垂直面时，因 W_r=90°，所以 F_s=0.5。

c. 反射的太阳辐射

　　反射的太阳辐射可用水平面太阳总辐射量 $I_h[W_r]$、地面反射率 $\rho_G[-]$ 进行计算。

$$I_r=I_h\rho_G(1-F_s) \tag{3.21}$$

3.4.3　按方位划分的太阳辐射量的计算

　　图3.17是根据冬季（1月21日）、夏季（7月21日）的太阳位置，用晴天的太阳反射率进行计算后得到的东京方位太阳总辐射 I_s。因太阳位置的计算采用

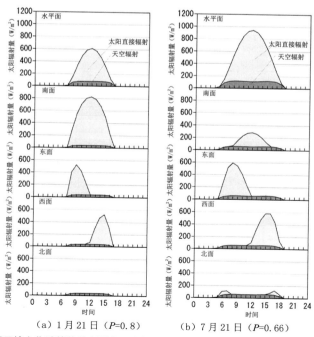

（a）1月21日（P=0.8）　　　（b）7月21日（P=0.66）

图3.17　晴天日按方位计算的垂直面太阳总辐射（制图：楠崇史。东京，日本标准时间。ρ_G=0）

的是真太阳时，所以南面与北面就是午前和午后。另外，东面与西面的午前、午后则与之相反。从图 3.17 中可以得知，水平面太阳辐射量夏季大、冬季小；南面的太阳辐射量冬季比夏季大。这些倾向产生的原因就在于：因太阳位置的变化受季节的影响，所以入射到东南西北各方位的太阳直接辐射量才会有所不同。

  图 3.18 表示不同方位的太阳辐射量因纬度不同而导致的差异。与图 3.17 相同，晴天太阳辐射量的计算值是按从 0°（赤道）开始每隔 15°而改变的纬度进行计算后得到的结果。从图 3.16 中就可以清楚地看到太阳位置随纬度而发生的变化状态。图中的深色部分表示天空辐射，浅色部分表示太阳直接辐射。7 月（图 3.18 中的上图）的水平面太阳辐射量在纬度 0°～ 30°时变化不大。

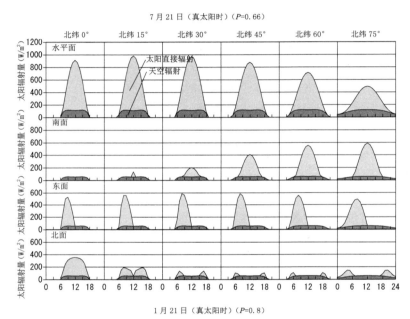

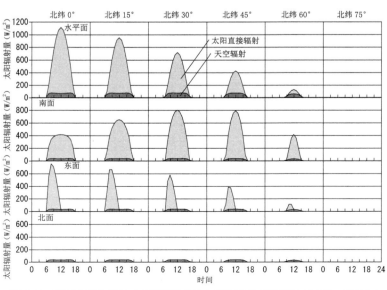

图 3.18 晴天太阳辐射量（太阳辐射总量）因纬度造成的不同（制图：楠崇史）

南面的太阳辐射量在高纬度地区时数值大；在低纬度地区时北面的太阳辐射量大，这是因为这些纬度地区的太阳直接辐射主要照射在北面的缘故。1月（图3.18中的下图）的水平面太阳辐射量在低纬度地区时数值大，而南面的太阳辐射量在中纬度地区数值大。

3.5　太阳辐射观测值的利用

在热负荷·室温模拟及太阳能利用系统的性能评价中，一般都采用气象观测数据中的太阳辐射量。这是因为受天候的影响，地表的太阳辐射量有很大差异的原因所在。晴天观测太阳辐射量与在3.4节中所论述的理论太阳辐射量相近似，但阴天的太阳辐射量受云层的影响比晴天时要小，而且变动的频率也快。太阳辐射量的观测用"太阳总辐射计"对水平面的太阳总辐射量进行观测。通常是将1小时累加值用作气象数据，但最近采用的是将每1分钟的数据用于模拟。

照射在建筑物外表面的太阳辐射量因方位的不同而有所不同。气象台对太阳辐射量的观测很多都是只观测水平面的太阳总辐射量。虽然也对太阳直接辐射及天空辐射进行观测，但并不太多。即使对太阳直接辐射及天空辐射进行观测，照射在呈倾斜面（具有各种方位角及倾斜角）的建筑物外表面的太阳辐射量，也需通过计算才能求出。作为观测值可以得到法线面太阳直接辐射与水平面天空太阳辐射值，那就可以求出照射在任意面的太阳辐射量。太阳辐射量观测值只限于水平面太阳总辐射量时，那首先就需分成直接太阳辐射与天空辐射两种，即进行直散分离。

国内外对直散分离的研究有很多。目前，将"远程气象数据自动采集系统"采集的数据作为模拟用气象数据已被广泛使用，而且将太阳辐射量观测值进行直散分离后获取模拟用太阳辐射量数据也已成为可能。直散分离的方法可从Nagata、Udagawa、Erbs、Watanabe、Perez这5种方法中选择并使用[11]。直散分离各种方法的详细内容可参阅参考文献19）等。

下面，对宇田川·木村公式[20]的使用方法做一说明。法线面太阳直接辐射及水平面天空太阳辐射可分别用公式（3.22）、公式（3.23）求出。

$$I_{dn} = [(-0.43+1.43)K_{Tt}]I_o \qquad (K_{Tt} \geqslant K_{Ttc}) \qquad (3.22)$$

$$I_{dn} = (2.277-1.258 \sin h + 0.2396 \sin^2 h)K_{Tt}{}^3 I_o \qquad (K_{Tt} < K_{Ttc})$$

$$K_{Tt} = I_{Hobs}/I_o \sin h, \quad K_{Ttc} = 0.5163 + 0.333 \sin h + 0.00803 \sin^2 h$$

$$I_{sky} = I_{Hobs} - I_{dn} \sin h \qquad (3.23)$$

卷末附录1为公式（3.22）、公式（3.23）的计算过程。另外，若水平面太阳总辐射观测值 S_{Hobs} 按1小时累积量计算，其单位即为 $[W/m^2 h]$。用于各种计算的太阳辐射量的单位为 $[W/m^2]$，公式（3.22）、公式（3.23）太阳辐射量的单位也是 $[W/m^2]$。单位的换算如下：

$$I_{Hobs}[W/m^2] = \frac{S_{Hobs} \times 10^6 [J/m_2]}{3600 [s]} \qquad (3.24)$$

当观测值为1小时累加值时，公式（3.22）中所用的太阳高度就是累加开始时、终止时的中间时间。例如，当10：00～11：00测定值的累加值为11：00的观测太阳辐射量时，太阳高度的值即为10：30。

◇ 练习题

3.1 列出太阳南中高度的计算方法与计算示例。

3.2 列出日出、日落时间的求解公式，并计算出东京 7 月 21 日日出、日落的时间。

3.3 绘制图 3.19 中建筑物冬至的日影图，地点为日本东京，用表中垂直棒的日影长度与阴影方位制图（也可用图 3.8 的水平面太阳曲线）。参考图 3.9 绘制 8:00 ～ 15:00 每小时的日影图，也可绘入 1:00 ～ 3:00 的时间日影线。建筑物平面为长方形，W 为长边、D 为短边、H 为高度。

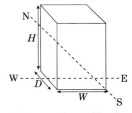

图 3.19 太阳辐射图的绘制

3.4 用附录中的计算公式计算出例题 3.2 中东京 7 月 21 日晴天日的太阳辐射量。

3.5 表 3.4 的（2）栏表示某年东京 12 月 21 日观测的水平面太阳总辐射量 $S[M]/（m^2 \cdot h）$ 的数据。根据该值对法线面太阳直接辐射量 $L_{dn}[W/m^2]$ 与水平面天空太阳辐射量 $L_{sky}[W/m^2]$ 进行计算（太阳辐射量的直散分离）。

太阳辐射量观测值的直散分离   **表 3.4**

东京		纬度 =35.68	经度 =139.770		TZ=9				太阳辐射量单位 [W/m²]
月	日	小时	累加日本标准时间			太阳总辐射量观测值		法线面太阳直接辐射 (4)	水平面天空太阳辐射 (5)	水平面太阳总辐射（验算）(6)
			标准时	真太阳时	(1) sin h	(2) S [MJ/(m²·h)]	(3) I_{h-obs}	I_{dn}	I_{sky}	I_{hor}
12	21	8	7.5	7.84	0.113	0.280				
12	21	9	8.5	8.84	0.272	0.780				
12	21	10	9.5	9.84	0.397	1.260				
12	21	11	10.5	10.84	0.479	1.580				
12	21	12	11.5	11.84	0.512	1.680				
12	21	13	12.5	12.84	0.495	1.600				
12	21	14	13.5	13.84	0.428	1.330				
12	21	15	14.5	14.84	0.316	0.880				
12	21	16	15.5	15.84	0.167	0.370				
12	21	17	16.5	16.84	0.000	0.030				

■ 参考文献

1) 新太陽エネルギー利用ハンドブック編集委員会編：新太陽エネルギー利用ハンドブック，日本太陽エネルギー学会，2000.

2) 浦野良美・中村洋編著：建築環境工学，森北出版，1996.

3) 田中俊六・武田 仁ほか：最新建築環境工学（改訂 3 版），井上書院，2006.

4) 日本建築学会：建築設計資料集成 環境 1，丸善，1978.

5) 松浦邦男・髙橋大弐：エース建築環境工学 I 日照・光・音，朝倉書店，2002.

6) 小木曽定彰：都市の中の日照（第 3 版），コロナ社，1974.

7) 木村建一：新訂建築士技術全書 2 環境工学，彰国社，1969.

8) 木村建一：建築設備基礎理論演習（新訂第 2 版），学献社，1995.

9) 渡辺 要編：建築計画原論 I（第 2 版），丸善，1967.

10) 宇田川光弘：パソコンによる空気調和計算法，オーム社，1986.

11) 日本建築学会編：拡張アメダス気象データ 1981 － 2000，日本建築学会，2005.

12) 日本建築学会：建築環境工学用教材〔環境編〕（第 3 版），日本建築学会，1995.

13) 日本建築学会：設計計画パンフレット 24 日照の測定と検討，彰国社，1977.

14) 空気調和・衛生工学会：手計算による最大負荷計算法，空気調和・衛生工学会，1971.

15) Duffie, J.A., Beckman, W.A.: *Solar Engineering of Thermal Processes*, Wiley-Inter-Science, 1980.

16) 永田忠彦・沢田康二：晴天時の全天空照度と天空輝度分布，日本建築学会大会学術講演梗概集，pp.45-46，1979.

17) Berlage, H.: *Zur Theorie der Beleuchtang einer Horizontalen Flache durch Tageslicht*, Meteorologishe Zeitschrift, 1928.

18) 吉田作松・篠木誓一：月平均法線面直達・水平面直達・水平面錯乱各日射量に関する全国マップ作成の研究，通商産業省サンシャイン計画気象調査昭和 55 年度報告書，p.121，1981.

19) 二宮秀與・赤坂　裕：AMeDas データから推定した時刻別水平面全天日射量の直散分離について，日本建築学会学術講演梗概集，pp.695-696，1986.

20) 宇田川光弘・木村建一：水平面全天日射量観測値よりの直達日射量の推定，日本建築学会論文報告集，267，pp.83-90，1978.

4. 室内温热环境

为能保持一定的中心温度（core temperature）[*1]，也就是体温，人体具有一种保持营养物质代谢产热和体表散热的平衡功能，即保持体温相对恒定的能力。这种平衡一旦被打破，体温的调节就无法顺利进行，而且健康也就得不到保证。为了调节体温，手足末梢部分的血管在冷环境刺激下收缩，在温暖的环境下舒张，通过对体内血流量的控制使散热量发生变化。寒冷时身体出现发抖的现象也是应对寒冷反应的一种，具有通过发抖产热以防身体受冷引起体温下降的作用。另外当环境温度等于或高于体温时，体表汗液的排出就具有通过汗和水分蒸发促进体表散热的效果。本章将针对我们居住的环境，对如何使自身保持健康而采取的很强的体温控制功能进行说明，并对室内温热环境（indoor thermal environment）与温热的舒适性加以论述。

4.1 室温与温热感

4.1.1 人体的热平衡

通过将人体内产生的热量有效地散发到外部环境就可以保证人体的热平衡（heat balance），并可保持身体深部温度的相对恒定。影响发生在人体与外部环境间热交换的要素称之为"热环境要素"。影响人体温热舒适度的主要因素是能量代谢（外部机械功）、着衣量、空气温度（环境温度）、热辐射温度、气流速度、湿度。能量代谢和着衣量属于人体方面的因素，即行为性体温调节；其他4项则属于环境方面的因素，即物理性体温调节。图4.1表示人体的热平衡。在人体的总散热量中，除外部机械功 W 外，约80%都属于对流和辐射产生的热交换。当为低气流速度时，对流热损耗率与辐射热损耗率大致相同，其他的20%是通过蒸发、呼吸、传导散热的。

为保持体温的相对恒定，体内的发热与散热就需保持在一个平衡状态。体内产生的热与向周围散热之间的关系，可用下述收支公式表示：

$$S = M - W - RES - E - K = K_{cl} = C + R \qquad (4.1)$$

其中，S：人体蓄热率 [W/m²]，M：代谢率 [W/m²]，C：对流热损耗率 [W/m²]，R：辐射热损耗率 [W/m²]，E：总蒸发热损耗率 [W/m²]，K_{cl}：通过增添衣着产生的热量。

当 $S > 0$ 时人体的体温就会上升并产生热感；$S < 0$ 时体温就会下降，并会感到寒冷。因人体具有很强的体温调节功能，所以通过对 C、R、E 的调节就可以保持体温的相对恒定。但是当感到舒适时，维持体温的生体机能就会处于对冷、热

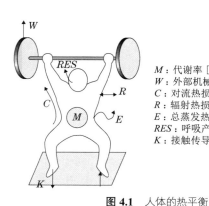

M：代谢率 [W/m²]
W：外部机械功 [W/m²]
C：对流热损耗率 [W/m²]
R：辐射热损耗率 [W/m²]
E：总蒸发热损耗率 [W/m²]
RES：呼吸产生的散热量 [W/m²]
K：接触传导产生的散热量 [W/m²]

图4.1 人体的热平衡

感觉差这样一种应力敏感性低的范围，体温调节功能的效率便处于最小的状态。

温热感的 6 大要素就是：与人体散热有关的环境物理方面的要素——空气温度、湿度、气流速度、热辐射温度（周围的表面温度），以及人体方面的要素——能量代谢和着衣量。

4.1.2　能量代谢

摄入人体内的营养素经过"燃烧"，就会产生适于机体各种生命活动的能源。这就是"能量代谢"。人体的能量代谢（metabolic rate）当量用"met（Metabolic Equivalent of Energy）"表示。1met 是指静坐在椅子上时单位体表面积的能量代谢，即 $58.15W/m^2$。通常一般性事务工作时的能量代谢是 $1.1 \sim 1.2$met。日本成年人的平均体表面积在 $1.6 \sim 1.7m^2$ 左右。图 4.2 表示典型活动时的能量代谢。

1 met　　　　　1.4 met　　　　　3 met

图 4.2　典型活动时的能量代谢

4.1.3　着衣量

着衣量（clothing value）的单位用克罗（clo）表示。1clo 为 $0.155m^2 \cdot K/W$ 的传热阻，这是以裸体时的体表面积为基准定义的。用于温热环境指标计算的克罗值是皮肤表面到着衣外表面的传热阻。冬季典型职业装——西服套装（Three Piece Suit）的克罗值就是 1.0clo。图 4.3 表示典型着衣量的克罗值。

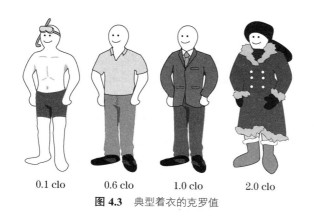

0.1 clo　　　0.6 clo　　　1.0 clo　　　2.0 clo

图 4.3　典型着衣的克罗值

COLUMN 职业便装

在日本，夏季办公室空调房的设定温度推荐值为28℃。2005 年日本政府提出：为能在这种室温中舒适地工作，不再要求上班时必须系领带、穿外衣等，也可以着简便凉爽的职业便装 [COOLBIZ 为日语新造词，由 cool ＋ biz（business 缩略语）组成]，并开始实施。自此对脑力劳动者在设定室内温热环境中的工作效率高低进行研究。另外，对学校等教育环境中的室内环境、出席率、健康带来的影响，以及与脑力工作者的工作效率等问题进行的相关研究也日渐增多。

图 4.4 日本环境省的环境大臣小池百合子（照片正中者）出席了为 COOLBIZ 的 PR 举办的服装表演（2005 年，资料提供：日本环境省）

4.1.4 空气温度

当某一时间段内室内不同位置的温度分布不同时，很难对空气温度（air temperature）的具体位置进行定位。ASHRAE（美国供暖、制冷和空调工程师学会）规定：坐在椅子上时的身体中心应位于距地面 0.6m 处，而站立时的身体中心则应位于距地面 1.1m 处。

4.1.5 热辐射温度

即使空气温度相同，但是如果周围的表面温度不同，室内人员的冷热感也会有所不同。一般辐射环境用平均热辐射温度 MRT（Mean Radiant Temperature）表示。所谓平均热辐射温度，是指假设为封闭空间的表面温度相同，即室内人员产生的热辐射温度交换与周围环境、热辐射温度交换同量。平均热辐射温度中考虑到人体与周围的形态系数。公式（4.2）表示平均热辐射温度的定义。

$$\theta_{mrt} = \sqrt[4]{\sum F_i (\theta_{si} + 273)^4} - 273 \qquad (4.2)$$

其中，θ_{mrt}：平均热辐射温度 [℃]，θ_{si}：热桥・顶棚・地面等的表面温度 [℃]，F_i：热桥・顶棚・地面等与人体的形态系数 [-]（第 7 章）。

4.1.6 气流速度（air velocity）

气流就是空气的流动，是人体活动时包括活动在内所产生的相对气流。气流对夏季的凉爽感、冬季的寒冷感有很大的影响。现在我们已经知道，不仅平均风速，而且气流的湍流（turbulent intensity）都会对冷热感有所影响。

4.1.7 湿度

湿度对冷暖感有一定的影响，而且不论湿度小还是湿度大都会给人带来不适感。湿度小时容易产生静电；湿度大时，即使温度适中身上的汗也不易蒸发，就会感到闷热。另外，从与室内空气质量 IAQ（Indoor Air Quality）的关系上讲，湿度也是影响空气质量的隐患之一。

4.2　温热环境指标

一般，常用的指标就是温度。另外，温度对来自身体蒸发的散热有很大的影响。在综合性的评价中也需要考虑到辐射·气流等因素。当人体热收支的平衡被打破时，就会产生冷热感。人并不是将温热环境分别加以区别，而是这些因素综合起来给人的感觉。作为表示居住空间的热环境究竟给人以的何种程度舒适感的最简便的表示方法，有若干个温热环境指标。下面所提出的是具有代表性的指标。

4.2.1　作用温度 OT

作用温度（Operative Temperature ature）是 1940 年由 A·P·加吉（A.P.Gagge）提出的。人体在现实环境与周围空间中进行对流与辐射产生的热交换，并在假设的封闭空间进行与其同量的热交换，我们将这种封闭空间的均一温度就称作"作用温度"。公式（4.3）表示"作用温度"的含义。在辐射传热系数 α_r 中，室内没有高温放射面时一般多用 4.7W/（m^2·K）表示。

$$\theta_{OT} = \frac{\alpha_c \theta_r + \alpha_r \theta_{mrt}}{\alpha_c + \alpha_r} \tag{4.3}$$

其中，θ_{OT}：作用温度［℃］，θ_r：空气温度［℃］，θ_{mrt}：平均热辐射温度［℃］，α_c：人体的对流传热系数［W/（m^2·K）］（第 7 章），α_r：人体的辐射传热系数［W/（m^2·K）］（第 7 章）。

室内气流速度为 0.15 ～ 0.2m/s 时，可以认为作用温度就是干球温度 θ_r 与平均热辐射温度 θ_{mrt} 的平均值。作用温度的舒适范围是：夏季 23.3 ～ 28.8℃，冬季 18.3 ～ 24.0℃。但因该数值未考虑湿度因素，所以不适于高湿环境的指标。

4.2.2　湿 - 黑球温度 WBGT

湿 - 黑球温度 WBGT(Wet Bulb Globe Temperature)是 1957 年由亚格洛(C.P.Yaglou)和米纳德（Minard）提出的，是评价暑热环境下的热应力的指数。可用于野外军事训练中热射病等的预防。自然换气状态时的干球温度与湿球温度通过黑球温度用公式（4.4）、公式（4.5）计算得出。

$$\text{室外作业}\quad WBGT = 0.7\theta_w + 0.2\theta_g + 0.1\theta_r \tag{4.4}$$
$$\text{室内作业}\quad WBGT = 0.7\theta_w + 0.3\theta_g \tag{4.5}$$

其中，$WBGT$：湿 - 黑球温度［℃］，θ_w：湿球温度（自然湿球温度）［℃］，θ_g：黑球温度［℃］（第 6 章）θ_r：空气温度（干球温度）［℃］。

湿 - 黑球温度与出汗量有关，目前此法已被广泛用于高温作业环境的评价，ISO 国际标准化组织也从 1982 年开始正式将此法作为国际标准（ISO-7243）。

4.2.3　预测平均统计值 PMV

预测平均统计值 PMV（Predicted Mean Vote）是 1970 年由丹麦科技大学教授范格尔（P.O.Fanger）提出的表现人体热反应（冷热感）的评价指标，1984 年 ISO 国际标准化组织正式将其作为国际标准（ISO-7730）。若将温热环境的 6 要素代入该指标，那么就可以将该环境下大多数人的冷热感用数值"热（+3）、暖（+2）、稍暖（+1）、中性 / 舒适（0）、稍凉（-1）、凉（-2）、冷（-3）"表现。

+3	热（hot）
+2	暖和（warm）
+1	稍暖（slightly warm）
0	中性（neutra）
-1	稍凉（slightly cool）
-2	凉爽（cool）
-3	冷（cold）

图 4.5 PMV 值的等级

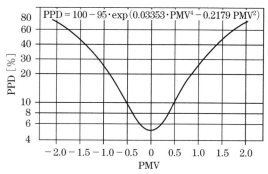

图 4.6 PMV 与 PPD 的关系 [1]

^{*2} 计算公式的计算程序依据参考文献 3）。

图 4.5 表示 PMV 值的等级。该等级也被称为"ASHRAE 7 级冷热感调查统计标准"。

PMV 值是根据人体的热负荷 L 计算出来的。所谓人体的热负荷，是指用热量来表示以人体冷热感的中性区（在中性区人体既不感到冷也不感到热）为中心的设想偏差。为了维持热平衡，人体的热调节系统可借皮肤温度、汗液分泌改变体表与环境之间的换热量。这种调节皮肤温度、汗液分泌热损失量的热负荷可用公式（4.6）表示。根据约 1300 名受试者的试验结果，满足热感觉中性 / 舒适（冷暖适中）的热负荷 L 为 0 这一条件的函数就是 PMV。PMV 是根据 ISO-7730[2]，用公式（4.6）计算得出的。^{*2}

$$PMV = (0.303e^{-0.036M} + 0.028)\big[(q_M - q_w)$$
$$-3.05 \cdot 10^{-3}\{5733 - 6.99(q_M - q_w) - p_a\}$$
$$-0.42\{(q_M - q_w) - 58.15\} - 1.7 \cdot 10^{-5}q_M(5867 - p_a) - 0.0014q_M(34 - \theta_a)$$
$$-3.96 \cdot 10^{-8}f_{cl}\{(\theta_{cl} + 273)^4 - (\bar{\theta}_r + 273)^4\} - f_{cl}h_c(\theta_{cl} - \theta_a)\big] \qquad (4.6)$$

其中，

$$\theta_{cl} = 35.7 - 0.028(q_M - q_w) - 0.155I_{cl}\big[3.96 \cdot 10^{-8}f_{cl}\{(\theta_{cl} + 273)^4 - (\bar{\theta}_r + 273)^4\}$$
$$+ f_{cl}h_c(\theta_{cl} - \theta_a)\big] \qquad (4.7)$$

$$h_c = \begin{cases} 2.38(\theta_{cl} - \theta_a)^{0.25} & (2.38(\theta_{cl} - \theta_a)^{0.25} > 12.1\sqrt{v_{ar}} \text{ 时}) \\ 12.1\sqrt{v_{ar}} & (2.38(\theta_{cl} - \theta_a)^{0.25} < 12.1\sqrt{v_{ar}} \text{ 时}) \end{cases} \qquad (4.8)$$

$$f_{cl} = \begin{cases} 1.00 + 0.2I_{cl} & (I_{cl} < 0.5 \text{ clo 时}) \\ 1.05 + 0.1I_{cl} & (I_{cl} > 0.5 \text{ clo 时}) \end{cases} \qquad (4.9)$$

式中的 q_M：代谢率 [W/m²]（1met=58.15W/m²（体表）），q_w：外部机械功 [W/m²]（几乎所有的代谢率均为 0），I_{cl}：着衣的传热阻（clo）[m²·K]（1clo 为 0.155m²·K/W 的传热阻）。

此外，PMV 代表了同一环境下绝大多数人的热感觉，但因人与人之间存在的生理差别，所以 PMV 并不一定能够代表所有人的感觉。为此，范格尔又提出了预测调查不满意百分比 PPD（Predicted Percentage of Dissatisfied）来表示人群对温热环境不满意的百分数，并用概率分析方法，给出了 PMV 与 PPD 之间的定量关系。在 ISO-7730 中推荐舒适的范围是：-0.5 < PMV < + 0.5，PPD < 10%。图 4.6 表示 PMV 和 PPD 的关系。

4.2.4 新有效温度 ET*

新有效温度（ET*）与 PMV 值相同，是目前经常采用的热舒适性评价指标之

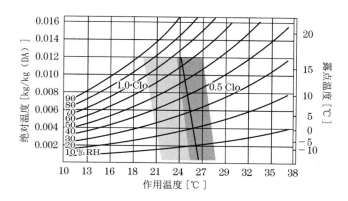

图 4.7 ASHRAE 55-2004 规定的舒适温度范围[1] 数据来自 ISO7730、ASHRAE STD55。推荐绝对温度的上限为 0.012，下限未设。

一。1971 年为能区别于以 A·P·加吉提出的理论为基础的体感温度、受试者试验的旧有效温度 ET (effective temperature)，所以将其称作"新有效温度"(New Effective Temperature) 或"ET*"。虽然评价是基于人体的皮肤湿润度和皮肤的温度，但为了得到根据人体皮肤湿润度、皮肤温度进行计算的结果，一般大多采用将人体分为体内（体核）和体表（皮肤）的"2-NODE MODEL"生理学控制模式。ET* 是对任意代谢率、着衣量加以定义，假如着衣量·代谢率不同，用 ET* 的大小就不能对冷热感·舒适感进行直接比较。所以，在静坐、着衣量 0.6clo、标准 im 系数、静稳气流、平均热辐射 = 空气温度这种标准状态下定义的新有效温度，就被称为"新标准有效温度 SET (New Standard Effective Temperature) *"。在 SET* 中，因着衣量是通过代谢率调整的，所以就可以对不同代谢率·着衣量时的冷热感、舒适感进行评价。图 4.7 表示 ASHRAE（美国供暖、制冷和空调工程师学会）规定的办公室中一般性工作在夏季、冬季时的舒适温度。图中的斜线部分表示新有效温度。

4.3 局部不舒适

PMV 及 SET* 是评价人体热舒适度平衡的标准，可用于对全身热或冷的评价。但是值得注意的是，有时即使全身冷暖适中而身体的局部部位却因冷或热而感到不舒适。在一般的居住空间中，经常会出现这样的问题。这种局部不舒适的主要原因就是热辐射不均匀、气流（令人感到不舒适的气流）、上下温度的分布、地板表面的温度造成的。

4.3.1 热辐射不均衡

房间中各表面的温度不同就会引起热辐射不均衡（radiant temperature asymmetry）（图 4.8）。特别是来自顶棚的热气和墙壁冷气时就会增加不舒适感。在 ASHRAE 及 ISO 中，对顶棚热辐射不均衡的界限规定在 5℃ 以内；而对来自墙壁冷气的辐射不均衡的界限规定在 10℃ 以内。究竟对顶棚的隔热和对窗户日射的遮蔽·隔热采取哪些措施是十分重要的。

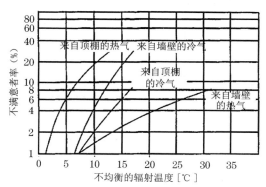

图 4.8 不均衡辐射的不满意率[1] 不均衡辐射是产生不舒适感的主要因素

4.3.2 气流（令人感到不舒适的气流）

夏季通过增加气流可以产生凉爽感，但在使用空

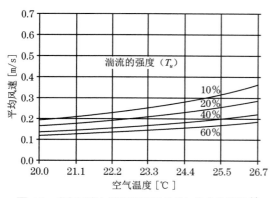

图 4.9 空气温度与湍流强度引起的气流容许界限[1]

调时若送冷过强就会感到局部不舒适，并会产生气流（draff）。所谓气流就是"所不希望的局部气流"。除平均风速、空气温度外，湍流强度、代谢率、着衣量都会出现气流造成的不舒适感。着衣时皮肤未遮挡处就对气流十分敏感。湍流的强度取决于来自平均风速变动部分的标准偏差与平均风速之比。我们周围的气流几乎都具有一定的湍流。图 4.9 表示以室温、平均风速、湍流强度为函数的气流界限。湍流的强度大，即使平均风速低也会感到不舒适。

对气流的预测调查不满意者率 DR（Draft Risk）可用公式（4.10）定义。ASHRE 中推荐 DR 值约为 20%以下。例如，办公室室温的设定值高时，除整个空调区域［无人空调区（ambient region）］采用中央空调系统外，对作业区域（工作区域）环境的控制采用个性化空调等也是十分有效的。这时工作人员附近的气流速度就高，因能按个人的需求控制气流速度，气流速度的容许范围不在此限。

$$DR = \{(34 - t_a)(v - 0.05)^{0.62}\}(0.37 \times v \times T_u + 3.14) \tag{4.10}$$

其中，DR：对气流的预测调查不满意者率（超过 100% 时为 100%），t_a：局部的空气温度［℃］,v：局部的平均风速［m/s］（$v < 0.05$m/s 时按 $v=0.05$m/s 进行计算）。T_u［%］表示局部湍流的强度，来自平均风速变动部分的标准偏差 SD_v 与平均风速 v 之比用可公式（4.11）表示。

$$T_u = (SD_v / v) - 100 \tag{4.11}$$

在通常采用混合换气的起居室中，湍流的强度为居住范围的 35% 左右。而采用置换换气的起居室则为 20% 左右。炎热时气流可以带来凉爽，而不会感觉到气流。住宅及半室外空间等在有效地利用能源的同时，还可以考虑对气流进行有效的利用。

4.3.3　上下温度的分布

对于室内上下温度的分布（vertical air temperature difference），ASHRAE 的推荐值为：室内人员踝骨高（距地面 0.1m）与头高（1.7m）的温度差为 3K 以内（图 4.10）。当采用暖风由室内上部送风时，往往发现上下部的温度有差别。但如果是隔热及密闭性好的房间，即使在冬季也可以满足这种上下温度分布的推荐条件。另外，应注意窗部冷空气下沉至地面的现象（冷气流）。

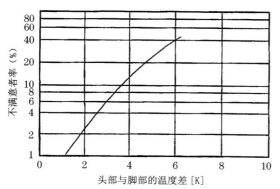

图 4.10　对上下温度预测的不满意者率[1]
身体上下部位的气温差大是令人感到不舒适的主要原因之一。

4.3.4　地板表面的温度

地板表面的温度（floor surface temperature）过高或过低都会引起局部的不舒适。对于在室内穿鞋的人来说，与地板的饰面材料相比，地板表面的温度更为重要。

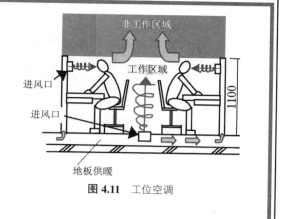

COLUMN 个性化空调

一般整个房间都采用空调的传统方式很难满足喜欢室温高，以及不同居住者对温热、气流等不同要求的个体差别。对此，就希望能有一种既具有舒适性又能节约能源的"工作区·无人区式的个性化空调系统"。即主要以办公室为对象，只在工作者附近的局部空间开启空调，而并非整个房间都使用空调。这种个性化空调包括：地板式空调、桌面式（Desktops）空调、工位空调、顶棚式空调等。

图 4.11 工位空调

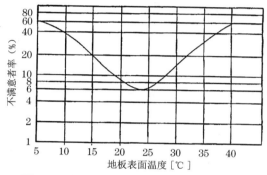

图 4.12 对地板表面温度预测调查不满意者率[1]
地板表面的温度过低或过高是造成局部不舒适的主要原因之一。

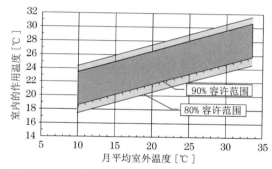

图 4.13 自然通风换气楼房的平均室外温度与舒适的室内作用温度

图 4.12 表示对地板表面温度的预测调查不满意者率。在 ASHRAE Standard 55-2004[1] 中，对室内地面温度的推荐值为 19 ～ 29℃范围内。该推荐值的设定条件是"穿着鞋坐在椅子上"。近年来，日本使用地板采暖装置基本得到普及。但作为家庭之用，直接坐或躺在地板上时是发生低温烫伤的原因之一，所以采暖温度最好不要高于体温。

4.3.5 环境适应型模型

环境适应型模型（adaptive model）是德·迪尔（de Dear）和布拉热（Brager）于 1998 年提出的。环境适应型模型并不是在传统的环境实验室内，而是根据对世界实际建筑物中的广泛范围的热舒适性进行实地调查结果所提出的。环境适应型模型表示采用中央空调的建筑物和采用开窗关窗等自然通风方式的建筑物在舒适性方面的差异。因个性化空调具有可供室内人员自主选择环境模式的特点，所以在采用个性化空调的建筑中就可以扩大室内舒适性的范围。图 4.13 表示自然通风换气楼房的平均室外温度与舒适的室内作用温度的关系。

4.4 热环境的设计目标

4.4.1 关于楼宇管理的法律法规

《关于确保建筑物中卫生环境的法律法规》统称为《楼宇卫生管理法》。楼宇卫生管理法是指为保证特定建筑（供众多人使用的大型建筑物）维修管理而对其环境卫生等所做的相关规定。确保建筑物的卫生不仅是舒适生活中不可缺少的，而且从保证健康方面来说也是非常重要的。特定建筑物是指音乐厅、影剧院、体育场馆、百货店、集会场、图书馆、博物馆、美术馆、游艺场、店铺、办公室、旅馆、学校（《学校教育法》第 1 条中规定以外的建筑，含研修室），而且用于上述用途建筑的建筑用地面积在 3000m² 以上，以及《学校教育法》第 1 条中规定的学校建筑用地面积在 8000m² 以上。

《楼宇卫生管理法》中规定：作为室内环境标准，浮尘 0.15mg/m³、一氧化碳 10ppm 以下、二氧化碳 1000ppm 以下、空气温度 17～28℃、相对湿度 40%～70% ［机械通风设备的气流 0.5m/sec 以下、甲醛浓度 1/m³ 为 0.1mg（0.08ppm）］以下。

◇ 练习题

4.1 请对下述影响人体热平衡的 6 项热环境要素进行说明。

4.2 列举并说明局部不舒适的原因要素，并列出其容许值。

4.3 1met 是指静坐在椅子上时单位体表面积的能量代谢，即 58.15W/m²。计算出体表面积 1.7m² 的成年人 1met 时的能量代谢量，并计算出 1 小时代谢量所消费的能源。

4.4 1clo 为 0.155m²·K/W 的传热阻，而且从人体表面到室内环境的热辐射都会受到影响。穿 0.6clo 的衣服且衣服内外温差保持在 3℃时，计算从衣服内向外表面流失的能量。

4.5 求出室内的空气温度为 20℃，平均辐射温度为 24.3℃时的作用温度。人体的对流传热系数、辐射传热系数均为 4.7[W/（m²·K）]。

■ 参考文献

1) Thermal Environmental Conditions for Human Occupancy（ANSI/ASHRAE Standard 55-2004），ASHRAE, 2004.

2) ISO 7730 2nd ed. : Moderate Thermal Environments-Determinationn of the PMV and PPD indices and Specification of the Conditions for Thermal Comfort, 1994.

3) 田中俊六・武田　仁ほか：最新建築環境工学（改訂 3 版），井上書院，2006.

4) 杉浦敏浩・橋本　哲ほか：ワークレスプロダクティビティの評価法，空気調和衛生工学会論文集．**123**，2007.

COLUMN 科技生产率

　　与写字楼的运营费相比，办公室职员的人工费要遥遥领先，为提高科技生产率而对办公环境加以改善是以最低费用达到最大效果的高效率方法。科技生产力再放在传统的节能性能及舒适性指标中，很有可能会成为一个很大的性能指标。生产力一词一般多作"劳动生产力"之意使用。劳动生产率是指劳动者人数／单位时间内创造的财富·服务成果。每年都公布各国的劳动生产率数据。另外，以办公室职员为对象的生产率最近称作科技生产率的开始增多（英语多采用 wokplace productivity）。室内环境的质量对产品的影响可通过呼吸系统疾病发生的医疗费、工作效率、离职率、缺勤率等计算出的人工费进行费用的换算。在许多研究中，都对改善室内环境带来的经济效益进行评价。

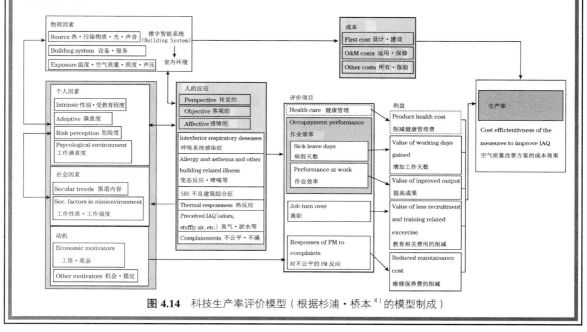

图 4.14 科技生产率评价模型（根据杉浦·桥本[4]的模型制成）

5. 室内空气环境

5.1 室内的空气质量

*1 室内污染综合征［室内装修综合征（sick house）］是日本自造英语

新闻资讯经常涉及经济高速增长时期之后出现的大气污染造成的公害问题，但最近不良建筑综合征（sick building）、室内污染综合征 *1 的问题尤为突出，经常会看到或听到有关室内空气污染引发的事故。过去的室内空气污染主要来自人或燃烧器具产生的污染物，而近年来因建筑物密闭性能的提高以及自然通风换气的明显减少，对于那些过去称不上是问题的建筑物中微量物质的影响也已引起重视，并作为室内空气质量问题加以关注。在本章中，将对污染室内空气的物质及其排除方法进行说明，同时还将对室内空气质量清洁的重要性加以论述。

5.1.1 室内空气污染

室内空气中除氧、氮、水蒸气外，还有不利于居住者健康的有害物质，这种有害物质被称之为室内空气污染物（air pollunant）。室内的空气污染物的发生源到底都有哪些？正如图 5.1 中所示，室内空气污染物的发生源包括：二氧化碳及臭气、头皮屑等人体产生的污染物、吸烟产生的粉尘及尼古丁、使用杀虫剂产生的氟化碳氢化合物等伴随生活行为出现的污染物、伴随一氧化碳及氮氧化物等燃烧产生的污染物、甲醛及 VOS（挥发性有机化合物）等建筑材料产生的污染物等。

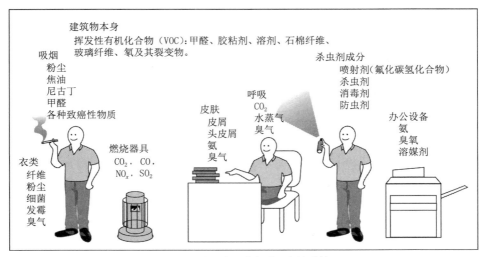

图 5.1 室内发生的各种污染物质[1]

5.1.2　室内空气污染物

室内空气污染物一般分为气体状物质和颗粒状物质。气体状污染物的代表性气体有二氧化碳、一氧化碳、甲醛、VOC、氮氧化物、硫氧化物、臭气；而颗粒状污染物包括浮尘、石棉、微生物等。图5.2表示室内空气污染物质。

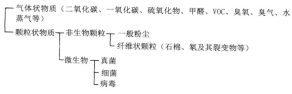

图5.2　室内空气污染物质[2]

虽然看不到有关臭气（odor）影响健康等流行病学方面的数据，但恶臭的确会引起恶心、头痛、失眠等，可以说臭气是影响室内空气质量的因素之一。除了针对室外臭气制定了防止恶臭方法外，室内部分也按"日本建筑学会环境标准"制定了防止室内臭气的对策、维持管理标准，并规定了臭气标准值。

臭气单位是范格尔提出的。单位用olf（olfacty，嗅单位）和decipol表示。1olf表示一个"标准人"（指一个在舒适环境中，平均每天洗0.7或1次澡的健康成年人）在热环境舒适的状态下坐姿时人体本身所散发的污染量（bioeffluents）。其他污染源——人体产生的污染物发生量用olf数值表示。1decipol表示一个标准人（1olf）产生的污染经10L/s清洁空气通风换气稀释后的空气质量。根据嗅觉抽样调查不满意者率就可以得到decipol值。

a. 二氧化碳

人体产生的各种污染物造成的空气污染程度和人体产生的二氧化碳浓度有一定的比例关系，一般根据二氧化碳浓度就可以判断室内空气环境的好坏。表5.1列出了人体产生的二氧化碳浓度量。正如表中所示，因作业程度、年龄及性别的不同二氧化碳浓度也不同。该表所列的是成年男子的相关数值，成年女性为该数值的0.9。

b. 一氧化碳

一氧化碳是一种无味、无臭、无色、无刺激的有毒气体，是由含有碳元素的物质不完全燃烧所产生的。一氧化碳与血红蛋白结合后是氧元素的240倍以上，如果吸入肺里与血中的血红蛋白结合，就会降低血红蛋白的输氧能力，引起体内组织细胞缺氧造成一氧化碳中毒，开始时出现头痛、眩晕，继而出现意识模糊乃至死亡。

c. 甲醛

甲醛是一种无色\刺激味强的气体，具有很强的溶水性。甲醛经常被用于塑料、胶粘剂、酚醛树脂成型等。另外，皮革制品、衣服类、织物、香烟烟雾、汽车等的排放气体中也含有甲醛。甲醛对人体影响的个体差异很大，但一般大气中的浓度约为0.05ppm时就可以感觉得到，0.5～5ppm时鼻子和眼睛感到刺激，10ppm时这种症状明显并感到呼吸困难。

二氧化碳浓度与人体影响[3]　　　　**表5.1**

浓度（100%）	意　义	适　用
0.07	室内多人存在时的容许浓度	并不是指CO_2本身的有害程度，而是表示所设定的空气的物理、化学性状在CO_2随不同比例增加出现恶化等条件下，污染指数的容许浓度
0.10	一般情况下的容许浓度	
0.15	用于换气计算的容许浓度	
0.2～0.5	相当差	
0.5以上	极差	
4～5	刺激中枢神经，呼吸的深度与次数增加。吸入时间长会出现危险。随着O_2的缺乏，开始出现中毒症状	
～8～	吸入10分钟就会引起极度的呼吸困难、面部潮红、头痛。随着O_2的缺乏，中毒症状明显	
18以上	可致命	

d. 挥发性有机化合物 VOC

挥发性有机化合物 VOC（Volatile Organic Compounds）[*2] 与甲醛一样都是可引起不良建筑综合征的物质，包括甲苯、二甲苯、苯乙烯等各种物质。室内的发生源有涂料、壁纸、门窗件、空调设备、电气产品等。

e. 氮氧化物 NO$_x$·硫氧化物 SO$_x$

氮氧化物是引起光化学烟雾污染及酸雨等大气污染的物质。特别是毒性强的二氧化氮，《防止大气污染法》对其规定了具体的环境标准。硫氧化物是造成大气污染及酸雨等的物质。《防止大气污染法》中规定了二氧化硫的环境标准。二氧化硫的主要污染源之一是含硫燃料（煤和石油等）的燃烧，如室内使用开敞式石油炉，对此应引起注意。

f. 浮尘·香烟烟雾

微小颗粒物漂浮于空气中、粒径 1 ~ 10 μm 的微小颗粒物沉淀在人体的肺部，就会给人的健康带来危害。例如，香烟烟雾是由气体状物质和颗粒状物质组成的。分为吸烟者吸入人体肺部的"主流烟"和香烟点燃拿在手里时烟头冒出的"副流烟"，其中危害最大的是副流烟。副流烟和吸烟者吸入肺里又被吐出的"呼出烟"统称环境香烟烟雾（environmental tobacco smoke）（被动吸烟），这对周围非抽烟者的身体健康有很大的危害。

5.1.3 换气的目的

将室内空气与室外空气进行交换就叫做换气（ventilation）。换气的最大目的就是通过室内污染物和室内空气的排出，以及室外新鲜空气的流入来保持室内空气的清洁度。为了保证居住者的健康及舒适性，规定了室内空气污染物的容许浓度标准，并以浓度在容许值以下为目标规定了换气量标准。特别是在最近，以改善室内空气质量为目的的换气的重要性越来越受到重视。经整理，可将具体的换气目的归纳如下：

① 向室内人员提供必要的氧气。

② 室内人员产生的空气污染应保持在容许值以下，并消除主要由呼吸产生的二氧化碳。

③ 消除室内人员以外的其他因素所产生的有害物质。即煤气炉燃烧产生的排气及香烟烟雾等。

④ 提供给室内燃烧器具必要的氧气。

⑤ 消除产生大量污染物的厨房、卫生间、浴室中的水蒸气、烟气、臭气等。

⑥ 消除建材、住宅等产生的 VOC。

5.1.4 容许浓度

空气污染物有各种容许浓度（acceptable concentration），如何对其定义进行正确的理解并运用是十分重要的。在《建筑标准法》及《建筑物环境卫生管理标准》中，规定了建筑物室内环境标准（表 5.2）。这是以不分年龄、性别的不特定多数居住者为对象，而且即使长时间暴露也不会出现问题的标准设计的。

5.2 必要换气量

我们在 5.1 节中已经谈到，近年来伴随住宅高隔热、高密闭化而来的室内污染综合征、结露、壁虱、霉等室内空气污染所引起的健康问题及社会问题的出现，换气的重要性也随之增强。换气的方法根据其驱动力大致可分为自然换气和机械换气。自然换气是以风和温度差为驱动力的换气，不需要外部动力，换气量不稳定且换气的强度也小；而机械换气则是利用送风机或排风机进行的强制换气，经常需进行一定的换气但会发生动力费用。根据这种机械换气的确实性、室内外压差的性质可分为第 1～第 3 的三种换气方式（详见第 15 章）。

表 5.2

一般环境*的容许浓度 [4]

物质名称	容许浓度
二氧化碳	1000ppm
一氧化碳	10ppm
浮尘（10μm 以下）	0.15mg/m³
甲醛	0.1mg/m³

* 指不特定多数人（含老人、幼儿）大多都待在室内时的室内环境，适用于一般办公室、住宅等。

5.2.1 必要换气量与换气次数

为能舒适地生活、工作，就有必要保持室内空气的清洁度，使污染物保持在容许浓度以下。为此所需要的必要的换气量就叫做必要换气量（required ventilation rate）。另外，换气量除以房间容积就是换气次数（air change rate）。

所谓 0.5 次/h 的换气次数，表示 1 小时房间容积一半量的室外空气流入室内，与其同量的室内空气流向室外。若用公式表示，如下所示：

换气次数 n [次/h] = 换气量 Q [m³/s] / 房间容积 V [m³] × 3600

5.2.2 必要换气量的计算方法

当图 5.3 中所示的室内容积 V [m³] 房间进行 Q [m³/s] 的换气时，室外空气的浓度就是 C_0 [m³/m³]。因室外空气流入量的单位时间为 Q [m³]，所以若再乘上室外空气浓度，就可以得到换气时流入室内污染物的单位时间的流入量。另外，当室内污染物发生量为 M [m³/s 或 mg/s] 时，进入室内的空气污染物即为：

- 换气流入：C_0Q [m³/s]
- 室内产生：M [m³/s]

此外，如果室内浓度与室外浓度一样，按 C [m³/m³] 的浓度分布时，那么从室内排出的空气污染物即为

- 换气排出 CQ [m³/s]

但二者相等时，可用公式（5.1）求解 C，用公式（5.2）求解 Q。

$$C = C_0 + \frac{M}{Q} \qquad (5.1)$$

$$Q = \frac{M}{C - C_0} \qquad (5.2)$$

将室内污染物的容许浓度代入 C 中并求出 C 值，就可以得到为保持容许浓度的必要的换气量。如果换气量过多（例如冬季），室内的暖空气就会流失到室外，那么高隔热、高气密也就没有什么意义了。所以，应当计算出可保持室内清新的换气量，即必要的换气量，并采用了通过 24 小时换气系统有计划地对流通在住宅

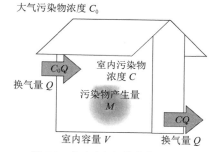

图 5.3 室内空气污染物的热平衡

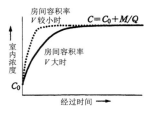

图 5.4 室内污染物浓度所需
时间变化[1]

内的空气进行控制这一"计划换气"。

但是，体积 V 与室内污染物浓度达到一定程度所需时间有关，决定室内污染物浓度 C 的因素是换气量 Q、室内污染物发生量 M 和室外空气浓度 Q，与空间的体积 V 没有关系。空间的体积大，室内污染物浓度达到一定程度所需要的时间就长，所以无论体积大小，如果换气量、室内的发生量、室外空气的浓度相同，那么达到一定程度时的浓度是相同的（图 5.4）。

5.2.3　人体产生的污染物与必要换气量

a. CO_2 浓度的必要换气量

室内人员密集且通风换气差就会使空气质量恶化，引起头痛、恶心等身体不适。这是因生理现象产生的水蒸气及发热而造成的室内温热环境恶化，以及臭气及衣服粉尘等对室内空气的污染所致。这些由人体造成的室内空气的污染状况，与人体产生的 CO_2 浓度成比例恶化，所以一般都是根据 CO_2 浓度对室内空气质量进行评价。

关于 CO_2 的容许浓度有各种观点。M·J·佩滕科费尔（Max Josf Pettenkopfer）提出的数值为：如果室内人员的滞留时间长为 0.07%（700ppm），滞留时间短为 0.1%（1000ppm），那么人体发生的各种室内污染物的影响就很小。而且《建筑标准法》及《建筑物环境卫生管理标准》也采用了该数值。空气调节 - 卫生工程学会将一般必要的换气量定为 $30 m^2 / (h \cdot 人)$。

【例题 5.1】　安静时人体产生的二氧化碳发生量为 $0.0132 m^3 / (h \cdot 人)$。当室外空气的浓度 C_0 为 350ppm 时，为保证房间内的二氧化碳浓度维持在 1000ppm，求平均每人的必要换气量应为多少？

［解］　用公式（5.2）进行计算。将二氧化碳发生量 $M=0.0132 m^3 / (s \cdot 人)$，容许浓度 $C=1000ppm$，室外空气浓度 $C_0=350ppm$ 代入公式后进行计算。

$$Q = M / (C - C_0)$$
$$= 0.0132 / \{(1000 - 350) \times 10^{-6}\} = 20.3 \ [m^3 / (h \cdot 人)]$$

即：1 人 1 小时的必要换气量为 $20.3 m^3 / (h \cdot 人)$。

b. 对香烟烟雾的必要换气量

下面对浮尘进行研究，表 5.3 列出浮尘对人体的影响。一般环境中的容许浓度在 0.1 至 $0.2 mg/m^3$ 范围内比较合适。在《建筑标准法》及《建筑物环境卫生管理标准》中采用的是 $0.15 mg/m^3$。

另外，粉尘粒径在 $1 \sim 2 \mu m$ 以下时就会沉淀在人体的肺部，给人的健康带来危害。所以，粉尘粒径的限制值为 $10 \mu m$ 以下。

5.2.4　使用燃烧器具时的必要换气量

燃烧器具包括：利用室内空气进行燃烧，并在室内排放燃烧废气的煤气炉及开放式炉灶等开放式燃烧器具；利用室内空气燃烧，燃烧废气通过烟囱排放的锅炉及火炉等半密闭式燃烧器具；FF（强制给排气）炉、BF（平衡式给排气）式热水器（BF 式洗浴烧锅）等不用室内空气的密闭式燃烧器具。

如果在换气差的房间内使用开放式燃烧器具，O_2 的浓度就会逐渐减少，一旦降至 18% 以下时，CO 的发生量就会骤增，给人带来危险。表 5.4 表示各种燃料的特性值。正如图 5.5 中所示，表中的理论空气是指燃烧所需空气（氧气浓度 21%）的体积。另外，理论废气量表示燃料完全燃烧，空气中的氧气都变成水蒸气和二氧化碳时的废气体积。单位燃烧的理论空气量和理论废气量几乎相同，每燃烧 1kW·h 为 1m³ 的接近值。《建筑基本法》中规定，对于开放型燃烧器具，理论废气量对燃料消耗量需要 40 倍的换气量。此外，对于半密闭型燃烧器具（带烟囱），应为理论废气量的 2 倍。

浮尘对人体的影响（引自池田（1978 年）[5]）　表 5.3

浓度 [mg/m³]	影　响
0.025～0.05	背景浓度
0.075～0.1	多数人满意的浓度
0.1～0.14	能见度
0.15～0.2	多数人认为"差"的浓度
0.2 以上	多数人认为"极差"的浓度

5.2.5　密集房屋应采取的必要换气量

随着住宅的气密化，散发化学物质的建筑材料·内装材料的使用日益增多。因此有报告称，自 1990 年开始在新建·改建后的住宅及楼房中，因化学物质造成的室内空气污染影响居住者健康的投诉越来越多。根据出现的症状多种多样，而且还有很多无法解释不了原因，以及刺眼、嗓子疼、晕、恶心、头疼等各种现象，将其称为"室内污染综合征"。日本厚生省以防止室内污染综合征为目的，对成为致病原因的化学物质的浓度标准值进行了规定（参见表 5.5）。日本厚生省的浓度标准值 0.1mg/m³（25℃时的体积浓度 0.08ppm）是可感觉到甲醛特有异味的界限浓度，《建筑标准法》及《建筑物环境卫生管理标准》的标准值也采用了该数值。

各种燃料的特性值[1]　表 5.4

墙面方位	都市废气（13A）	丙烷气（LPG）	灯　油
发热量 [MJ]/m³	46	102	43 [MJ]/kg
比重	0.66（空气为1）	1.55（空气为1）	0.79（水为1）
理论空气量 [m³/(kW·h)]	0.86	0.83	0.91
理论废气量 [m³/(kW·h)]	0.93	0.93	12.1 [m³/kg]
理论水蒸气量 [m³/(kW·h)]	0.17	0.14	0.13
理论 CO_2 量 [m³/(kW·h)]	0.09	0.11	0.13

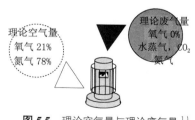

理论空气量 氧气 21% 氮气 78%

理论废气量 氧气 0% 水蒸气，CO_2 氮气

图 5.5　理论空气量与理论废气量[1]

日本厚生劳动省制定的化学物质浓度标准值   **表 5.5**

化学物质名称	室内浓度指针值	
	重量浓度 $[mg/m^3]$	体积浓度 *
甲醛	0.1	0.08ppm
乙醛	0.048	0.03ppm
甲苯	0.26	0.07ppm
二甲苯	0.87	0.20ppm
苯乙烷	3.8	0.88ppm
苯乙烯	0.22	0.05ppm
对二氯苯	0.24	0.04ppm
钛酸二丁酯	0.22	0.02ppm
十四烷	0.33	0.04ppm
钛酸 *-2- 乙烷己基	0.12	7.6ppb
二嗪磷	0.00029	0.02ppb
仲丁威	0.033	3.8ppb
氯吡硫磷	0.001	0.07ppb

*   25℃换算值

◇ **练习题**

5.1 举例并说明造成室内空气污染的污染物。

5.2 什么是室内污染综合征、不良建筑综合征？

5.3 某房间最多可容纳人数为 100 人。当平均 1 人排出的二氧化碳为 0.020m³/h，来自室外空气中的二氧化碳浓度为 400ppm 时，请问室内的二氧化碳浓度在 1000ppm 以下时的必要换气量是多少？

■ **参考文献**

1) 倉渕　隆：建築環境工学，市ヶ谷出版，2006.
2) 岩田利枝：生活環境学，井上書院，2008.
3) 柳　宇：オフィス内空気汚染対策，技術書院，2001.
4) 「建物における衛生的環境の確保に関する法律」（通称：ビル衛生管理法）.
5) 日本建築学会編：建築設計資料集成 1. 環境，丸善，1978.

6. 环境的计量与测量

对环境进行计量与测量的目的，就是为了增进室内生活者的健康，营造一个在环境卫生方面更好的居住环境所进行的维护管理。为了对热环境进行控制及评价，了解并掌握与该目的及场所相对应的测定项目和测定方法是十分重要的。另外，往往在测定室内环境时，同时还需要测定室外的气象条件。在本章中，我们将对常用的室内及室外环境测定设备及其特性进行说明，并介绍在办公室进行测定的案例。

6.1 计测项目

作为环境计测（计量和测量）的测定项目，本书的重点主要放在热环境（热流·室内气候）、空气环境（气流分布·空气污染·换气量）中的温度·湿度·气流·空气质量等以及与热环境有着密切的关系的照度方面。此外，在第 2 章中所论述的气象要素，对它的测定也是非常重要的。为保证我们的生活环境能够维持在一个舒适、健康的水平，至关重要的一点就是对这些项目的测定值规定一个相应的标准值。这样，通过对测定项目进行的详细计测，也就成为降低对人体的影响以及环境负荷的方法。下面，我们就对环境计测的测定设备做一说明。

6.2 室内环境的计测仪器

6.2.1 温湿度的测量

a. 阿斯曼通风湿度计（阿斯曼干湿表）（Assman ventilated psychrometer）

阿斯曼通风湿度计弥补了普通温度计的不足，由干球温度计和湿球温度计组成，可同时测量温度与相对湿度。有盘簧式和电动式两种。为不受阳光及放射热的影响，这种干湿计的外部用镀铬金属制成。图 6.1 所示为阿斯曼通风湿度计。湿度计由两支形状完全相同的温度计组成：一支与普通温度计相同，用于测量气温的干球温度计；另一支是湿球温度计，其球部包有一层保持浸透蒸馏水的脱脂棉布，用于测量湿度。测湿时转动风扇，具有一定风速的空气从吸引口吹到湿纱布时水分逐渐蒸发，为保证所示数据读数稳定，应每隔 2～3 分钟就读取一次数据。空气湿度与干湿球温差之间存在某种函数关系，可用换算表进行湿度换算。

图 6.1 阿斯曼通风湿度计［日本柴田科学（株）］

b. 数字温湿度计（digital thermometer）

数字温湿度计是由半导体组成的传感器，是一种为便于进行温度监测而研制开发的温湿度计。在图 6.2 中所看到的就是数字温湿度计，这是一种可设置监测间隔，并将监测数据记录在主机内的小型监测仪。另外，也是一种集监测 CO、CO_2、气温、相对湿度于一体的仪器。该仪器还具有存储、打印以及数据输出等功能，便于对监测结果进行处理。

图 6.2 数字温湿度计［ESPEC Corp（株）］

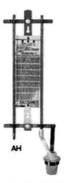

图 6.3 自记温湿度计 [（株） 佐藤计量器制作所]　**图 6.4** 奥古斯特干湿泡湿度计 [kenis （株）]　**图 6.5** 球形温度计 [日本柴田科学（株）]

c. 温差电偶温度计 （thermo couple）

将两种金属连接成回路，利用导体连接处的温度差产生的电动势（电流）测量温度。作为测量起居室内的温度及室外温度的热电偶，一般多采用 T 型热电偶（由铜和康铜组成）。利用电动势对温度测量，采用称作"数据记录仪"的变换记录仪就可以很容易的实现利用电动势对温度进行测量。感知温度的传感器部分的尺寸越小热容量就越小，与周围空气之间的达到热平衡状态所需时间就短，所以适用于温度随时间发生变动类的测量。

d. 自记温湿度计 （self-recording thermometer）

自动将温湿度连续记录在利用盘簧转动的圆筒转记录纸上。测量温度变化利用的是双金属的特性，湿度利用的是毛发的伸缩特性。可以直接测量或连续测量相对湿度，但缺点是对于阶梯状的湿度变化来说，因时间常数太大，元件的稳定性也较差。

e. 奥古斯特干湿球温度表 （August psychrometer）

由两支温度计组成，可将干球温度计与湿球温度计的测量值换算成湿度。图 6.4 表示的是奥古斯特干湿球温度计。湿球部用脱脂棉布及棉纱布包覆。纱布下端 4cm 放入湿泡的水中，上端 6cm 露在外面，使其具有合适的湿度。为能正确测量，应对湿球的湿润程度特别加以注意。在对正式的相对湿度进行换算时，虽然应当按复杂的方法——在测量气压之后再计算，但实际上在允许误差 1% ～ 2% 的情况下可以利用湿度表获得相对湿度的数值。

f. 球形温度计 （globe thermometer）

这是一种表面黑色无光、直径 15cm 的中空球中心装有玻璃管制成的酒精温度计。可以通过球形温度与气温、风速的测量值计算出平均辐射温度。图 6.5 表示的是球形温度计。

6.2.2　风速的测量

a. 热线风速计 （hot wire anemometer）

将通电加热的热线风速计（图 6.6）的金属丝（白金线、镍、钨等）传感器置于气流中，对在气流中产生的散热量导致热线温度变化引起的电阻变化进行测量求出风速（参见 JIS T8202 "便携式热式风速计"）。热线风速计多用于室内。

除可测量风速、温度外，还可测量湿度；分为指向性热线风速计和非指向性热线风速计。

b. 声学风速计（ultrasonic anemometer）

声学风速计又称超声波风速计，是通过两组感应元件（声波发声器和接收器）不同方向的声波传播以及接收器收到声脉冲的传播来测量 3 轴的风速。还可用于更详细的测量。图 6.7 所示的就是声学风速计。

图 6.6 热线风速计（日本加野麦克斯株式会社）

图 6.7 声学风速计（日本 Sonic 公司）

6.2.3 空气质量的测量

a. 数字粉尘仪（digital dust counter）

当粉尘的各种物理性状一定时，因与其质量浓度成比例，所以通过光电子倍增管后就可以改变为光电流，增幅后置换成数字量。数字粉尘仪敏感度强，1 分钟可获取 1 个测定值。但在实际测量时，为避免浓度受一段时间内产生变动的影响，可每隔 3～5 分钟测量一次，求出每分钟的平均值。图 6.8 所示为数字粉尘仪。

b. CO/CO₂ 检测仪（CO/CO₂ meter）

只要用一部仪器便可对一氧化碳、二氧化碳进行精确的检测。CO 的检测采用的是电位电解式原理，CO_2 的测量采用的是非分散型红外线吸收方式的原理。CO/CO_2 检测仪简便易用，多用于楼宇管理、作业环境等许多地方的快速检测。图 6.9 中所示图片为 CO/CO_2 测定仪。

图 6.8 数字粉尘计 [日本柴田科学（株）]

c. 气体监测仪（gas monitor）

可对气体放射性物质的浓度进行连续检测、监视的仪器，又称放射性气体（浓度）检测仪。红外光声谱仪的滤器圆盘上装有滤光镜，是一种操作简单、特别适用于现场测定的装置。可对人体产生的 CO_2 及 SF_6 等进行连续的检测，提高室内换气效率。图 6.10 中的图像为红外光声谱气体监测仪。

d. 色谱仪（chromatograph）

高效液相色谱仪（High Performance Liquid Chromatograph 简称 HPLC）是对作为分析对象的化学物质成分进行分离的仪器。主要用于甲醛、乙醛等羰基（碳酰）化合物的分析。当通过色谱柱的液体不再是液体而是气体时，就称为"气相色谱仪（GC）"。气相色谱质量分析仪 [GC-MS（Gas Chromatograph-Mass Spectrometry）] 是将气相色谱仪和质量分析仪结合的复合装置，用于分析甲苯、二甲苯、苯乙烯、苯乙烷等。图 6.11 中的照片为高效液相色谱仪。

图 6.9 CO/CO₂ 检测仪 [日本柴田科学（株）]

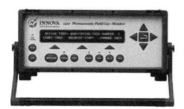

图 6.10 红外光声谱气体监测仪（INNOVA）

图 6.11 高效液相色谱仪 [（株）日本岛津制作所]

图 6.12 数字照度计
［日本 KONICA
MINOLTA
（株）/KONICA
MINOLTA
Japan]

图 6.13 红外线测温仪
［日本 Avionics
（株）/Nippon
Avionics Co.,
Ltd.]

6.2.4　辐射的测量

a. 照度计（illuminance meter）

照度计（图 6.12）是测量单位面积上所接收到的光通量的仪器。利用光能引起的固体光电现象（光电效应、光伏效应、光电导等），将光能变换为电信号后进行测量、计算处理，并表示出来。

b. 红外线测温仪（thermo camera）

红外线测温仪（图 6.13）是一种将被测对象红外线辐射能量检测出来，转换成温度后将物体表面温度的空间分布以热像图的形式表现的装置。这种装置无损伤即可捕捉到温度的分布。另外，通过对墙面等表面的红外热像进行扫描，可以获知肉眼看不到的辐射的影响。

6.3　气象观察的测量设备

在对建筑物的热环境进行处理时，我们将构成和反映大气状态和大气现象的基本因素称作气象要素。它们主要包括：气压、气温、湿度、太阳辐射·大气辐射、风向·风速、降水量等多种要素，而且气候及风土地域的差异对建筑物热环境的形成也有很大的影响。观测记录的气象数据在解析、评价建筑环境时是必不可少的基础资料。下面，特对室外气象中太阳辐射和外部风速的测量做一论述。因气温及湿度的测量原理、仪器与室内部分类似，故可参照 6.2.1 项中的相关内容。

6.3.1　太阳辐射的测量

a. 全天太阳辐射计（pyranometer）

全天太阳辐射计（图 6.14）可测量来自天空的全天太阳辐射量。感应元件在太阳辐射的全波长范围内具有均衡的光谱灵敏度，而且使用的是具有稳定性的热电堆。感应面上覆盖双层半球形防风保护玻璃罩。在感应面夹具的下方装有风扇，可将空气吹向半球形防风保护玻璃罩的外侧，以防止霜·雪·灰尘等黏附在上面。

b. 直接日射表（pyrheliometer）

直接日射表，又称"太阳直接辐射计"（图 6.15），是测量太阳入射方向垂直平面上的太阳直接辐射强度的仪器。受光部采用热电元件，通过热接点与冷接点的温度差可以检测出太阳直接辐射强度。直接日射表搭载在太阳跟踪装置上，一般都正对着太阳。

图 6.14 全天太阳辐射计（日本英弘精机株式会社）

6.3.2　风速的测量

a. 风速计（anemometer）

风速计中有各种不同的型号，经常使用的是配有 3 个风杯的风杯式风速计（three cup anemometer）。另外，风向风速计（wind speed and direction sensor）（图 6.16）包括由一组装在风标前部绕水平轴旋转的螺旋桨，后部带有尾翼的流线型机身组成的水平轴风车式风速计，即旋桨式风速计）（windmill anemomenter），以及没有转动部分的超声波风速计（ultrasonic anemometer）。

图 6.15 太阳直接辐射计（日本英弘精机株式会社）

6.4 对环境的现场计测

下面，通过利用环境检测仪器检测写字楼室内环境的实际案例，对其方法做一介绍。

在评价对象的开放式办公室内配备供隔断式办公桌区域内个人使用空调进风口（个人用空调进风口），以及向周围空间送风的地面进风口（公用空调进风口）。为调查工作人员的状况及开放的热环境,对其进行了检测。表6.1中表示检测项目。

图 6.16 风向风速计

写字楼检测概要　　　　　　　　　　表 6.1

		检测目的	检测项目	检测仪器
物理环境检测	工作状况	对就座者的调查	椅子座面温度	数字温度计
		对室内人员的调查	出入口通过人数	脉冲数据记录仪
		对工作人员周围热环境的调查	空气温度·相对湿度	数字温湿度计
	工作人员周围	对工作人员的隔断式办公桌区域内人体周围热环境的调查	空气温度·相对湿度 风速·辐射温度	数字温湿度计，热线风速计，辐射温度计等
		工作人员移动时 对开放的热环境的调查	空气温度·相对湿度 代谢量	数字温湿度计，加速度计
		对个人用空调进风口性能的调查	空气温度·风速	T型热电偶，热线风速计
	工作空间	对整个办公空间温热环境的调查	上下·水平温度分布 空气温度·相对湿度 风速·辐射温度	T型热电偶，数字温湿度计，热线风速计，辐射温度计，球形温度计等

6.4.1 整个办公空间热环境的检测

图 6.17 表示整个办公空间中热环境的检测位置。对各区域空气温度（水平方向、垂直方向）、相对湿度、辐射温度，以及空间内温度的分布、窗面温度等进行检测。

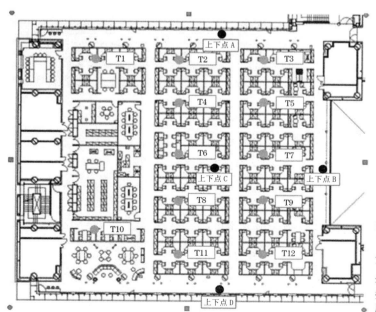

图 6.17 工作空间热环境的测量位置
●上下温度分布的检测点（上下点，检测间隔时间 10 分钟）（0,0.1,0.6,0.6 球形,1.1,1.1 球形 7,2.0,2.5,3.0,顶棚,地面送风口）上下点 A，B，C →数据收集装置，上下点 D →数据记录仪。●平面温湿度分布检测点（检测间隔时间 10 分钟）T1～12，→数字温度计。■出入口传感器的设置位置。脉冲数据记录仪。

图 6.18 数据记录仪

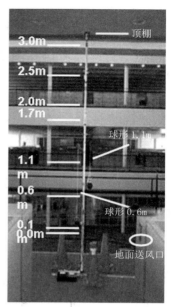

图 6.20 对平面温湿度分布进行检测的情景　　**图 6.19** 对上下温度分布进行检测的情景

　　为能详细了解工作空间上下部位温度的分布，应当用 T 型热电偶和数据记录仪对上下温度的分布进行检测。为防止热电偶受辐射的影响，可以采用防辐射铝轮盘等遮蔽辐射。图 6.18 表示数据记录仪，图 6.19 表示对上下温度分布进行检测的情景。应当对办公室内的代表性的 4 个点，即空气上下温度的分布（FL+0，0.1，0.6，1.1，1.7，2.0，2.5，3.0m，顶棚，地面送风口），以及球形温度（FL+0.6，1.1m）进行检测。

　　对于平面温湿度分布，为能详细了解工作空间平面的空气温湿度分布，应在隔断的上部设置数字温湿度计。图 6.20 表示检测的情景。

6.4.2　工作人员周围热环境的检测

　　为能更加详细的检测工作人员周围的环境，用装有数字温湿度计或传感器的移动检测卡，对隔断式办公区内的温度·相对湿度·风速·辐射温度进行了检测。此外，还用数字温度计对送气温度进行了检测，并用热线风速计对送气速度进行了检测。图 6.21 表示移动检测卡。传感器的设置高度为 FL+1.1m。该高度相当于工作人员坐着时身体中心的高度。

　　给工作人员装上加速度计和计步器，就可以测量其代谢率、活动量。另外，通过数字温湿度计还可以测量工作人员走动时而形成的开放的热环境。

6.4.3　工作状态的检测

　　为能掌握工作人员的活动，可以在其椅子座面处安装温度传感器，通过对椅子座面的测定了解离席的具体情况，每隔 1 分钟便对座面温度进行测量。对是否离席的设定为：以座面温度 30℃ 为基准，不足 30℃ 时每分钟温度上升 0.2℃ / min 以上、30℃ 以上时每分钟温度下降 0.5℃ /min 以上。图 6.22 所示的是温度传感器及椅子配有温度传感器坐垫的照片。

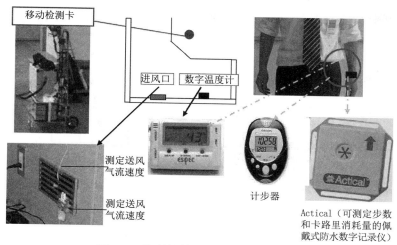

图 6.21 移动检测卡与工作人员自身的检测

　　为了掌握办公室的具体活动情况,可利用红外线传感器对出入口通过人数进行统计,并对室内人数进行调查。图 6.23 中的照片是出入口通过人数计测装置。

6.4.4　检测结果案例

　　图 6.24 表示上下温度分布。在周边(临界)[*1]一侧的点 A、D,可以看到温度平稳上升。可以确认周边一侧要比室内的温度差大。通过实际检测上下温度差小,ASHRAE 标准的 0.1m 与 1.7m 温度差完全可以达到 3℃ 以内。

　　图 6.25 表示工作人员周围温度不同时段的变化。M1 ~ M2 指各工作人员。各工作人员周围温度的变动有很大的差异,由此可以表现出每个人离席状况的变化。

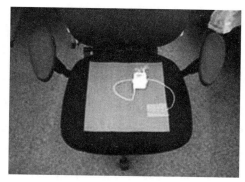

图 6.22　设置在坐垫处的温度传感器

[*1]　在 10.4.2 项中对周边区域进行了详细的论述。

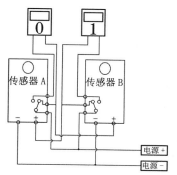

（a）出入口通过人数检测装置概要

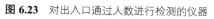

（b）实际的检测装置

（c）检测装置设置

图 6.23　对出入口通过人数进行检测的仪器

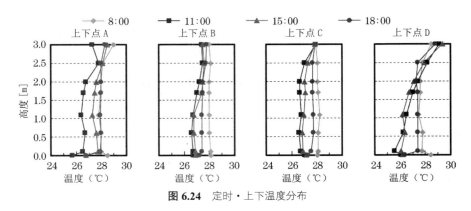

图 6.24 定时・上下温度分布

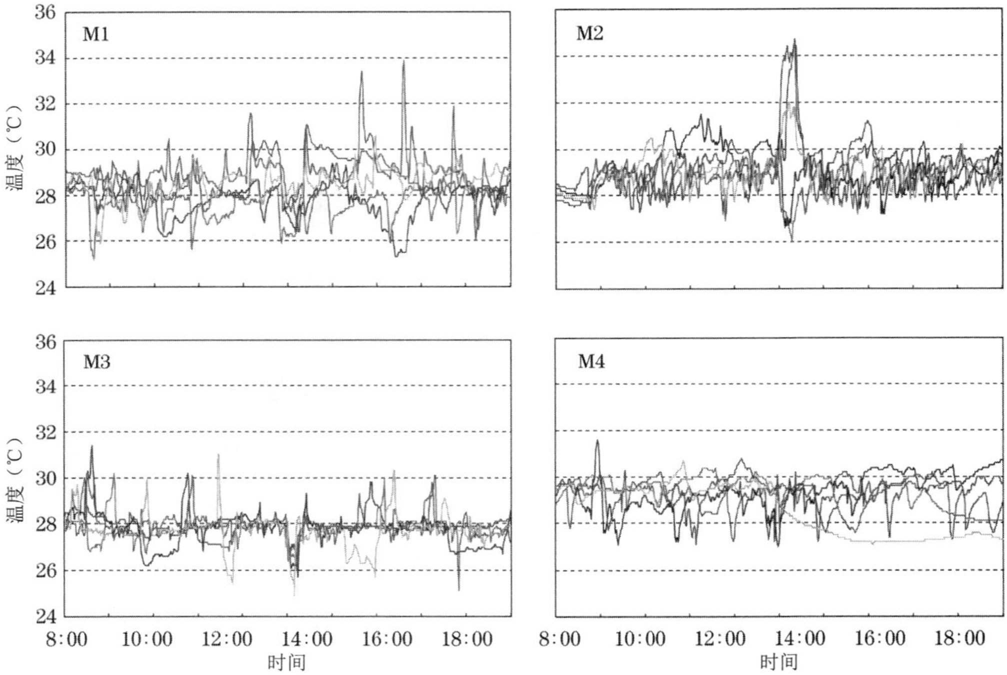

图 6.25 工作人员周围温度不同时段的变化

◇ 练习题

6.1 对室内温热环境的检测中必要的检测项目与检测仪器加以论述。

6.2 对自己家中室内的温湿度进行检测及考察。

■ 参考文献

1) 黒崎優一・秋元孝之ほか：タスク・アンビエント空調システムに関する研究（その 32）タスク空調システムが導入された実オフィスの実測概要及び執務者特性，日本建築学会大会学術講演梗概集，pp.1183-1184，2007．

COLUMN　具有体感的仿真人体模型

　　作为对人体与环境的热交换进行模拟检测的方法之一，有用人体形状的发热体——"具有体感的仿真人体模型"的模拟检测方法。（图6.26）"具有体感的仿真人体模型"是为了检测衣服传热阻而制作的，再现了人体着衣状态时服装的温热特性。目前，世界上多个研究小组的研究人员开发了利用"具有体感的仿真人体模型"进行热环境评价的评价法，计算出基本的散热量与皮肤温度，通过对某一环境产生等价散热量时的作用温度对环境进行评价。"具有体感的仿真人体模型"的发热方式有①皮肤表面发热方式、②躯体内表面热方式、③内部空气加热方式。当为②、③发热方式时，躯体采用铜·铝等导热系数好的材料。3种方法各有利弊。近年来，因外表面电热线的布线需要高超的技术，而且敏感度要好，所以一般多采用皮肤表面发热的方式。

图 6.26　具有体感的仿真人体模型

7. 传热的基础理论

随着外气温等室外气象条件的变动，室内的温度也会发生变化。因建筑物的外表面及开口部位的特性，决定了所实现的室内环境也有很大的不同。为对这些影响进行评价，就应当掌握外墙的传热、墙壁与空气间的热交换、物体表面之间的辐射等传热过程。在本章中，我们将对这些基本的传热过程做一说明。

7.1 温度与热能

7.1.1 水的流动与热的流动

当物体的内部或物体间有一定的温度差时，热空气就会从温度高的场所向温度低的场所流动［热流（heat flow）］。这与有水位差时水流产生的现象类似（图7.1）。

与水位差越大水流就会增强相同，温度差越大热流也就会越大。另外，就像"自然流动的"水流不会从低水位向高水位处流动一样，"自然流动的"热流也不会出现从温度低的场所向温度高的场所流动的现象。

图7.2是将提供冷暖气的建筑物室内外产生的热流比作水位与水流的关系加以表示的示意图。当为暖气房时，因室内温度高于室外气温，室内的热量就会通过外墙等与外气接触的部位向室外泄漏（称作热传导），因而室温就会下降。另外，室内外空气的换气也会造成室内热量的流失。为了防止室内热量的流失以保持一定的室温，就需要向室内提供与流失热量等量的热能，为此所采取的方法就是暖气房。暖气房也有直接利用燃烧燃料时产生热的，但图7.2中所示的是利用热泵（heat pump）将室外空气的潜能传递到室内的方法，家用空气压缩机就是利用热泵原理的装置。与将低水位处的水输送到高水位处的水泵相同，将热能从低温物体传递到高温物体就需要使用热泵。

为了保持一定的室温，单位时间平均流入室内的热量与流向室外的热量应相等。流入室内的热量除上述因素外，还有通过窗户照射到室内的太阳辐射热以及人体、家用电器等内部产生的热能。因此，通过暖气房提供给室内

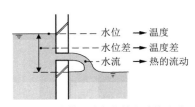

图7.1 水的流动与热的流动的关系

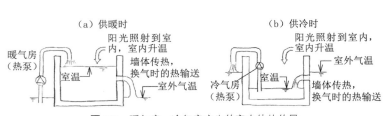

图7.2 暖气房·冷气房产生的室内外热传导
因阳光照射到室内、室内升温幅度大等原因，室温＞室外气温的情况下也可以开放冷气。

的热量应为通过墙体及换气流失的热量总和减去照射到室内的阳光及内部产热总和之差。

当室内为冷气房时，就像图 7.2（右图）中所示的那样，在热泵的作用下就可以将室内的热量排向室外，这时从室内排出的热量应为通过墙体及换气流向室内的热量与照射到室内的太阳热·内部产热之和。

7.1.2 传热的基本形态

正如前面所述，各种因素产生的热流会作用于建筑物，如果对每个热传递方式加以分解的话，可归纳为以下 3 种形态：

①传导　　②对流　　③辐射

热传导（heat conduction）是一种固体·液体·气体中产生的热能转移现象。从微观上看，实际上"温度"是由原子·分子及电子的振动及无规则运动产生的热能，热能从温度高处向温度低处传递的过程就是"热流"。如果在固体中，从微观上看原子本身不移动只是热能流动。即使在液体·气体中，通过热传导产生热能转移，但建筑物的热传导主要表现为固体中的热传导。

对流（convection）是指通过液体及气体分子的运动输送热量的过程，与固体表面相接的流体间产生的热移动就被称作对流传热。与热传导不同，其特点是随着流体分子的移动可以更有效的输送热能。

辐射是以电磁波形式产生的热能输送，在建筑物的热传导中，主要是通过固体表面间的辐射传热完成的。热传导与对流是通过物质产生的热移动实现的，而固体间的空间即使在真空状态下也会产生辐射造成的热移动。

图 7.3 表示热能通过外墙向室外传导的过程。外墙的外表面与外气之间除了会产生对流传热外，还可以获取太阳对其表面的辐射所产生的热能。当墙体内部为中空层时，通过中空部分的对流及固体表面的辐射就会将热能传递到另一侧的固体上。在室内一侧的墙体表面，除了会在室内空气之间产生对流传热外，还会在室内等表面之间产生辐射传热。

可见，发生在建筑部位的热移动现象是由 3 种基本传热形式组合而成的。

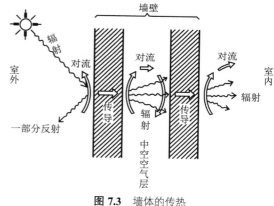

图 7.3 墙体的传热

7.2 热传导

7.2.1 稳态与非稳态

下面我们以单一材料的墙壁为例，假设在初期状态下包括两侧的空气温度在内的墙体内所有部位的温度都相同。如果使室内空气温度从初期状态瞬间上升，并使室内温度维持在这种状态时，墙体内部的温度就会从室内的一侧徐徐上升，经过一定的时间后固体内部的温度分布就显示为线性。这时经过一定的时间后仍维持稳定的状态就叫做"稳态"。与之相反，温度上升·下降的瞬态状态则被称为"非

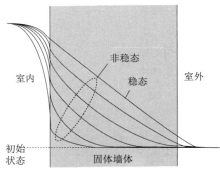

图 7.4 固体墙体内温度分布随时间发生的变化

稳态"（图 7.4）。

因围绕建筑物的外部环境和室内环境经常发生变化，所以建筑物的各部位便处于非稳态。下面，对假设在稳态下的热传导定式化做一说明（关于非稳态现象将在第 9 章中加以说明）。

7.2.2 傅里叶定律

正如前面所述的那样，稳态状态下由均质的单一材料组成的固体墙壁的温度分布显示为直线状。另外，在稳态状态下表面及内部所有部位的热流都是一定的（图 7.5）。这时在热流 q 与两侧的温度差（$\theta_1-\theta_2$）之间形成下述关系：

$$q=\lambda\frac{\theta_1-\theta_2}{d}\ \ [\mathrm{W/m^2}] \tag{7.1}$$

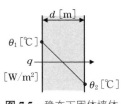

图 7.5 稳态下固体墙体内的温度分布

也就是说，热流的产生与温度梯度（$\theta_1-\theta_2$）/d 呈比例。这种关系就被称作"傅里叶定律"（Fourier's law）。公式中的比例常数 λ 称作导热系数（thermal conductivity）是由物体决定的固定值。导热系数是温度梯度为 1[K/m] 时的热流 [W/m²]，该单位用公式 [W/m²]÷[K/m] 计算后为 [W/（m・K）]。当然，也可以说导热系数越大，材料也就越易于传热。

将公式（7.1）变形后就是：

$$\theta_1-\theta_2=\frac{d}{\lambda}q\ \ [\mathrm{K}] \tag{7.2}$$

公式中出现的 $d/\lambda[\mathrm{m^2・K/W}]$ 就叫作传热阻。将这一关系与电气电路中的欧姆定律进行比较的结果如图 7.6 中所示。为便于理解，可以统一解释为电势／电位（温度差或电位差）就是阻力（传热阻或电阻）乘以流量（热流或电流）。

7.2.3 建筑材料的导热系数

表 7.1 表示主要建筑材料的密度与导热系数（详细的物理参数见卷末附表 1）。钢及铝等金属的导热系数高，这是因为活动在金属中的自由电子有助于热的传导。金属的导热系数约为混凝土的 100 倍、木材的 1000 倍。从密度与导热系数的关系来看，整体上是密度越高导热系数也就越高。

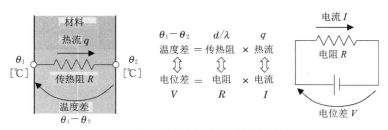

图 7.6 傅里叶定律与欧姆定律的相似性

静止空气是热的不良导体，导热系数非常低。即使墙体内留有空气层（称作中空层），但实际上也不会有那么高的导热系数。但这在大气层中会产生对流，并随着整个空气的流动而输送热量。为了利用具有静止空气的高隔热性，开发出了各种隔热材料。例如，玻璃纤维等纤维类隔热材料就是一种通过许多交错的细小纤维阻止空气流动，而难以产生对流引起热移动的结构。

应当注意的是：隔热作用主要表现为接近静止状态的空气，而并不是隔热材料的构成材料本身（例如玻璃纤维的纤维）。同样，发泡类隔热材料是一种轻质多孔制品，因为可以阻止空气的流动，所以具有较小的导热系数。如果是相同的空隙率，那么因每个泡孔的尺寸小，整个隔热材料的导热系数也小。

从表7.1中可以看出，总的来说是材料的密度越大，导热系数也就越大。但是正如图7.7所示，隔热材料中的密度与导热系数的关系十分复杂，如玻璃纤维。如果玻璃纤维的直径相同，那么一般也是密度越大导热系数就越小。这是因为纤维与纤维之间的间隙小，因而可以更好的阻止空气的流通。

主要建筑材料的密度与导热系数　表7.1		
材料名称	密度（kg/m³）	导热系数（W/m·K）
钢材	7860	45
岩石（重量）	2800	3.1
铝	2700	210
普通混凝土	2200	1.4
木材（中量）	500	0.17
榻榻米	230	0.15
玻璃纤维（24K）	24	0.042
静止空气（参考）	1.3	0.022

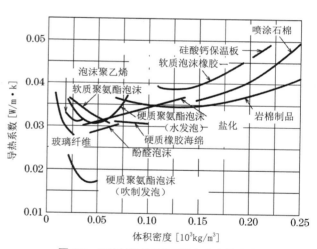

图7.7　隔热材料的导热系数与密度的关系

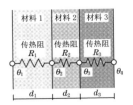

图 7.8 多层墙体中的传
热阻连接

7.2.4　多层墙体的热传导

下面，对由多种材料组成的多层墙体的热传导做一说明。根据 7.2.2 项中电气电路的类似性，可以将多层墙体的传热阻按串联考虑（图 7.8）。即在稳态下，与电阻的原理相同，可以进行传热阻的串联合成。合成的传热阻若为 $R_t[\mathrm{m^2 \cdot K/W}]$，根据图 7.8，其公式为

$$R_t = R_1 + R_2 + R_3 = \frac{d_1}{\lambda_1} + \frac{d_2}{\lambda_2} + \frac{d_3}{\lambda_3} \qquad (7.3)$$

即使墙体在 3 层以上时也是一样的。

合成传热阻用公式（7.3）表示的理由如下。如果是稳态，墙体内流动的热流大小在任何部位都是相同的。如果该热流为 $q[\mathrm{W/m^2}]$，各传热阻前后的温度如图所示为 $\theta_1 \sim \theta_4[\mathrm{℃}]$，与欧姆定律相对应，各层公式如下（$\theta_1 > \theta_4$，因此 $\theta_1 > \theta_2 > \theta_3 > \theta_4$）：

$$\theta_1 - \theta_2 = R_1 q = (d_1/\lambda_1) q \quad [\mathrm{K}]$$

$$\theta_2 - \theta_3 = R_2 q = (d_2/\lambda_2) q \quad [\mathrm{K}] \qquad (7.4)$$

$$\theta_3 - \theta_4 = R_3 q = (d_3/\lambda_3) q \quad [\mathrm{K}]$$

当满足上述 3 个公式时，即为

$$\theta_1 - \theta_4 = (R_1 + R_2 + R_3) q = \left(\frac{d_1}{\lambda_1} + \frac{d_2}{\lambda_2} + \frac{d_3}{\lambda_3}\right) q \qquad (7.5)$$

是将整个墙体作为由一个传热阻构成的构件加以考虑时的关系式，与

$$\theta_1 - \theta_4 = R_t q \qquad (7.6)$$

进行比较后就可以得到公式（7.3）。

合成的传热阻用公式（7.3）求解，就按从公式（7.6）得到设定两侧表面温度 θ_1、θ_4 时的墙体内的热流。

7.2.5　多层墙体中的断面温度分布的计算方法

下面，对当设定多层墙体两侧的表面温度时，求解各层·各深度温度的 2 种方法做一说明。

【例题 7.1】　求解图 7.8 中设定 $\theta_1[\mathrm{℃}]$ 与 $\theta_4[\mathrm{℃}]$ 时，墙体内的温度分布。其中，$\theta_1 > \theta_4$。

［解］　**a. 求出整个热流后再计算各部位温度的方法**

在该方法中，根据公式（7.3）及公式（7.6）先计算墙体内的热流 q。然后温度按已知点依次求出各层的边界温度。因 $\theta_1 > \theta_4$，所以 $\theta_1 > \theta_2 > \theta_3 > \theta_4$。因此，

$$\theta_2 = \theta_1 - R_1 q = \theta_1 - \frac{d_1}{\lambda_1} q \qquad (7.7)$$

$$\theta_3 = \theta_2 - R_2 q = \theta_2 - \frac{d_2}{\lambda_2} q \qquad (7.8)$$

当计算各层的边界温度时，墙体各层内部温度的分布即为边界温度呈直线插补分布（参见 7.2.1 项）。

在上式中，虽是按 θ_2、θ_3 的顺序求解，但也可以根据已知温度 θ_4，按 θ_3、θ_2 的顺序求出边界温度。

b. 根据各层的传热阻比计算各部位温度的方法

该方法是利用在各层的温度下降（或温度上升）之比与传热阻比相同这一条件，求出各层的边界温度。根据公式（7.4）及公式（7.5），就可以得到下述公式：

$$q = \frac{\theta_1 - \theta_2}{R_1} = \frac{\theta_2 - \theta_3}{R_2} = \frac{\theta_3 - \theta_4}{R_3} = \frac{\theta_1 - \theta_4}{R_1 + R_2 + R_3} \qquad (7.9)$$

根据上式，将已知的两侧表面温度差 $\theta_1 - \theta_4$ 作为基数，就可以求出各层温度的下降。例如，层 1 中的温度下降 $\theta_1 - \theta_2 [\mathrm{K}]$ 即为

$$\theta_1 - \theta_2 = \frac{R_1}{R_1 + R_2 + R_3}(\theta_1 - \theta_4) \qquad (7.10)$$

这样，如果求出所有层的温度下降或温度上升，那么根据已知的表面温度（θ_1、θ_4 都可以）就可以依次计算出各边界温度了。与计算方法 a 相同，根据各边界温度求出各层内部的温度分布可以用直线进行插补。

7.3 对流传热

7.3.1 墙体附近的传热

对流传热，即固体表面和与之相接的流体间的热移动在墙体近旁和远离墙体处是不同的（图 7.9）。对于距墙体的距离，在温度变化大的区域［称作温度边界层（thermal boundary layer）］，因固体表面的影响所造成的空气黏性使得空气处于很难混合的状态，而且传热阻大。在边界层的外侧，因黏性的影响小，空气的混合活跃，所以即使是相同的热流，其温度变化也不大。

7.3.2 对流传热系数

如上所述，墙体近旁的气流状态与对流传热有关，而且因墙面与空气之间的温度差及周围的风速等，墙体近旁的空气传热阻变化很大，但用下述公式就可以计算对流传热量，并使比率系数 α_c 按状况发生变化。

$$q_c = \alpha_c(\theta_s - \theta_a) \quad [\mathrm{W/m^2}] \qquad (7.11)$$

其中 α_c 称作对流传热系数（convective heat transfer coefficient）$[\mathrm{W/m^2 \cdot K}]$。按照公式（7.2）将上述公式变形，就会得出下述公式：

$$\theta_s - \theta_a = \frac{1}{\alpha_c} q_c \quad [\mathrm{K}] \qquad (7.12)$$

所以，$1/\alpha_c$ 就与固体中的 d/λ 相同，相当于传热阻（图 7.10）。

在墙体的外表面，受外部风的影响墙面近旁就容易产生强制对流。这样，周围产生风的状态就如图 7.11［有风时的于尔根（Jürges）实验］中所示，α_c 的值取决于外部风速与表面的凹凸状况，特别是因风速的大小 α_c 的值也会有很大的不同。

另外，静稳的墙体室内一侧表面等未产生强制对流时，因墙面温度与气温的温度差会产生自然对流，而且正如图 7.11［无风时的威尔克斯（Wilkes）实验］中所示，两者的温度差及热流的方向会使对流传热系数发生改变。自然对流因墙体表面近旁的空气与墙壁间的热交换而产生温度变化，是由远离墙壁处的空气之间的密度差对浮力的影响所产生的对流，冬季玻璃窗近旁产

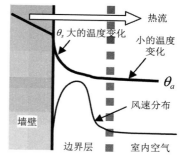

图 7.9 墙壁附近的温度变化模式图

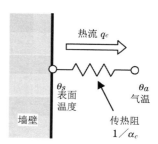

图 7.10 对流传热的表现

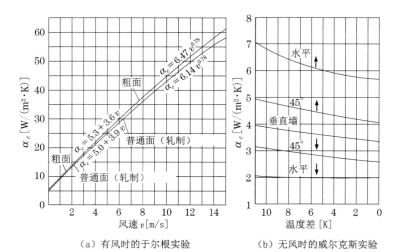

（a）有风时的于尔根实验　　　（b）无风时的威尔克斯实验

图 7.11 周围风速（有风时）及表面与空气的温度差（无风时）与对流传热的关系

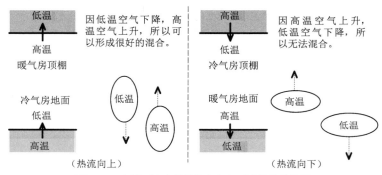

图 7.12 自然对流中的热流方向与对流传热的关系

生的冷气流（发生在室内一侧的微弱下降气流）就是其代表例。

在自然对流中，受热流的方向（图中用箭头表示）的影响，对流传热系数不同的各种原因如图 7.12 所示。热流向上，即顶棚面温度＜空气温度，或空气温度＜地面温度时，因在固体近旁上方的空气温度＜下方的空气温度，且上方的空气密度＜下方的空气密度，所以上方温度低的空气就会下降，而下方温度高的空气则会上升。在这一作用下，固体近旁的空气流动活跃，且对流传热系数就大。

相反，当热流向下时，因上方的空气密度＞下方的空气密度，所以就会处于稳态而无法促进空气的混合，对流传热系数就小。

7.4　辐射传热系数

7.4.1　辐射与光

物体的表面会释放出与温度相关的电磁波。黑体（指能够全部吸收入射的任何频率的电磁波的理想物体）产生的电磁波强度 $[W/m^2]$ 是根据表面的绝对温度 T

[K]*1 定为 1,而且其波长分布 [W/m² · μm] 也定为 1(图 7.13)。

来自太阳的辐射类似于 6000K 黑体辐射的波长分布,人眼可接收到的可见光频域(0.3～0.7μm)中具有峰值。这种电磁波在建筑环境工程学中被称为"短波",太阳辐射就是其代表。图中的波长分布是积分的结果,即表示的是波长分布曲线下侧的面积所具有的电磁波的单位面积的功率(单位时间的能量)[W/m²],从 6000K 的高温面积放射的能量远远大于从低温表面放射的能量。

此外,居住空间的墙壁·顶棚以及地上一般物体的表面,虽然其表面温度很低,但也会释放出电磁波。这些电磁波称作长波辐射,其峰值约为 10μm,存在于人眼无法接收的红外区域。与太阳辐射相比,发射源的单位面积能量非常小,但对接受电磁波方的影响一般都很大,所以不能忽视电磁辐射对人体的危害。

根据斯蒂芬 - 玻耳兹曼定律(Stefan-Bolzmann's law),对全波长进行积分的热辐射 E_b[W/m²] 在黑体辐射时为

$$E_b = \sigma T^4 \tag{7.13}$$

其中,σ:斯蒂芬 - 玻耳兹曼常数 $=5.67 \times 10^{-8}$W/(m²×K⁴),T:表面温度 [K]。但是,当为黑体外其他一般物质的表面时就如下述公式所示,所释出的热辐射要比黑体时小。

$$E = \varepsilon \sigma T^4 \tag{7.14}$$

ε 表示与相同温度黑体辐射的比率,称作辐射率(emissivity)。辐射率具有从 0 到 1 的值,是由材料表面的特性及温度所产生的不同的值。

入射到物质表面的辐射或者出现反射,或者被物质吸收,或者是透过物质,如果将这些与入射辐射量的比率分别设为 ρ、a、τ,其关系即可用下述公式表示:

$$\rho + a + \tau = 1 \tag{7.15}$$

其中,ρ 为反射率、a 为吸收率、τ 为透过率。若是透过率 $\tau=0$ 为不透明材料,那么在同一波长频域中即形成下述关系:

*1 到目前为止按照一般的惯例,温度(摄氏)用 θ 表示,绝对温度用 T 表示。

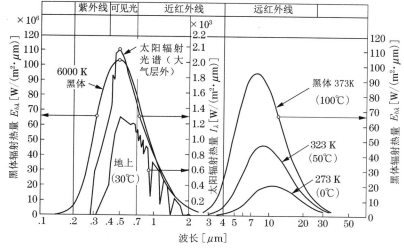

图 7.13 太阳辐射及黑体辐射的波长分布

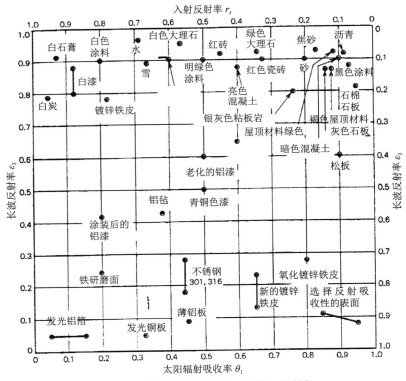

图 7.14　各种材料的反射率・吸收率・辐射率

$$\alpha = \varepsilon \tag{7.16}$$

这就是基尔霍夫定律（Kirchhoff's law）[*2]。

[*2] 波长或温度中的吸收率与辐射量相等的定律。

图 7.14 表示各种不透明材料的短波长、长波长频域中的反射率、吸收率・辐射率。太阳辐射吸收率（=1- 太阳辐射反射率）与人眼所接收的黑色相对应，当涂上黑色时就会有效地吸收太阳辐射（反射减少）。相反，长波辐射率（= 长波吸收率 =1- 长波反射率）与人眼所接收的黑色不一致，除金属膜外，绝大部分的建筑材料的吸收率（辐射率）都是 0.9 左右。此外，透明玻璃可以透过大部分的太阳辐射，但对于长波辐射则为 0.90～0.95 的吸收率（辐射率）。由此可以认为，包括玻璃在内，除金属外的绝大部分的建筑材料表面在长波长频域（红外线频域）中近似于黑体。

7.4.2　辐射热授受

我们在上节中对物体表面产生的辐射热量进行了论述，下面对物体表面间产生的辐射热的授受，即辐射产生的净热流做一说明。

a. 无限平行的 2 个平面间的辐射热授受

正如图 7.15 所示，平面 1 与平面 2 平行时，其表面温度与长波辐射率分别为 $T_1[K]$、ε_1、$T_2[K]$、ε_2，由平面 1、平面 2 按其温度产生的辐射量分别为 $E_1[W/m^2]$、$E_2[W/m^2]$（公式 7.14）。因入射到平面 2 的辐射量 $G_2[W/m^2]$ 在由平面 1 产生的辐射量 E_1 的基础上加上入射到平面 1 的辐射量 $G_2[W/m^2]$ 中的反射部分，由此形成下述公式：

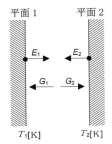

图 7.15　平行的 2 个平面间的辐射授受

$$G_2 = E_1 + (1-\varepsilon_1)\, G_1 \tag{7.17}$$

其中，ε_1 也是根据基尔霍夫定律平面 1 的吸收率，$(1-\varepsilon_1)$ 表示平面 1 的反射率。同样，G_1 也可以形成下述公式：

$$G_1 = E_2 + (1-\varepsilon_2)\, G_2 \tag{7.18}$$

如果将公式（7.18）代入公式（7.17）后对 G_2 进行整理，即形成下述公式：

$$G_2 = \frac{E_1 + (1-\varepsilon_1)\, E_2}{\varepsilon_1 + \varepsilon_2 - \varepsilon_1 \varepsilon_2} \tag{7.19}$$

因此，平面 2 中的净辐射热授受 $q_{1\text{-}2}[\mathrm{W/m^2}]$ 的接受侧为正时，其公式即为

$$q_{1\text{-}2} = \varepsilon_2 G_2 - E_2 = \frac{\varepsilon_2 E_1 - \varepsilon_1 E_2}{\varepsilon_1 + \varepsilon_2 - \varepsilon_1 \varepsilon_2} \tag{7.20}$$

其中，$\varepsilon_2 G_2$ 表示入射到平面 2 的辐射中被平面 2 所吸收的部分。根据公式（7.14），$E_1 = \varepsilon_1 \sigma T_1^4$、$E_2 = \varepsilon_2 \sigma T_2^4$，将其代入公式（7.20），即为

$$q_{1\text{-}2} = \frac{\varepsilon_1 \varepsilon_2}{\varepsilon_1 + \varepsilon_2 - \varepsilon_1 \varepsilon_2} \sigma (T_1^4 - T_2^4) = \sigma(T_1^4 - T_2^4) \Big/ \left(\frac{1}{\varepsilon_1} + \frac{1}{\varepsilon_2} - 1 \right) \tag{7.21}$$

因获取该热量的只有平面 1，所以根据公式（7.21）净辐射热量就可以从平面 1 向平面 2 移动。当然，2 个面的温度相同时就不会发生热移动。

b. 相对位置任意条件下的辐射热授受（黑体时）

正如图 7.16 所示，在任意位置关系时的平面 1 与平面 2 之间获取的净辐射热流 $q_{1\text{-}2}[\mathrm{W}]$ 假设 2 个面都是黑体时，其公式为

$$q_{1\text{-}2} = \sigma(T_1^4 - T_2^4)\, A_1 F_{1\to 2} = \sigma(T_1^4 - T_2^4)\, A_2 F_{2\to 1} \tag{7.22}$$

其中，从面 1 至面 2 的热流为正，当 $q_{1\text{-}2} < 0$ 时就会产生自面 2 向面 1 的净热流。

公式（7.22）中的 $F_{1\to 2}$、$F_{2\to 1}$ 被称作全形态系数，例如 $F_{1\to 2}$ 是从面 1 向面 2 射出的辐射中，入射到面 2 的比率（是入射的比率，并不是吸收的比率）。全形态系数只是由面与面的关系决定的。

公式（7.22）可以导出下述公式。首先，从面 1 辐射后在面 2 吸收的辐射热流 $[\mathrm{W}]$ 为：

$$q_{1\to 2} = \sigma T_1^4 A_1 F_{1\to 2} \tag{7.23}$$

同样，从面 2 辐射后在面 1 吸收的辐射热流 $[\mathrm{W}]$ 为

$$q_{2\to 1} = \sigma T_2^4 A_2 F_{2\to 1} \tag{7.24}$$

根据该公式，将净热流 $q_{1\text{-}2}[\mathrm{W}]$ 的面 1 → 面 2 设为正数时，其公式为

$$q_{1\text{-}2} = \sigma(T_1^4 A_1 F_{1\to 2} - T_2^4 A_2 F_{2\to 1}) \tag{7.25}$$

因此，将下述公式

$$A_1 F_{1\to 2} = A_2 F_{2\to 1} \quad \text{（全形态系数的逆定理）} \tag{7.26}$$

用于公式（7.25），就可以导出公式（7.22）。逆定理表示：当从 2 个面辐射的辐射量 $[\mathrm{W/m^2}]$ 相同时，净辐射授受即为 0W。而且实际上将 $T_1 = T_2$ 代入公式（7.25）后，即为下述公式：

$$q_{1\text{-}2} = \sigma T_1^4 (A_1 F_{1\to 2} - A_2 F_{2\to 1}) \tag{7.27}$$

而且该公式仅限于逆定理成立，辐射授受对于任意 T_1 均为 0。此外，当 2 个面不是黑体时，辐射量比黑体辐射还要小，而且因入射到其中的 1 个面的部分辐射会

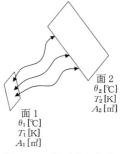

面 2
$\theta_2\,[^\circ\mathrm{C}]$
$T_2\,[\mathrm{K}]$
$A_2\,[\mathrm{m^2}]$

面 1
$\theta_1\,[^\circ\mathrm{C}]$
$T_1\,[\mathrm{K}]$
$A_1\,[\mathrm{m^2}]$

图 7.16 相对位置任意条件下的辐射热授受

产生反射,所以公式(7.22)～公式(7.25)及公式(7.27)就不成立。

C. 全形态系数的性质

当为其中一个面(这里为平面1)的微小面时,其全形态系数 $F_{1\to2}$ 就被称作形态系数(view factor),并与采光范围中的立体角透过率(configuration factor)相等(图7.17)。也就是说,当平面2(A_2)投影在半径为1的半球面上时为平面2′(A_2′),平面2′投影在半径为1的微小平面1(A_1)时为平面2″(A_2″),这时图中底面积 π 与平面2″面积之比 A_2''/π 就称作平面2的立体角投射率,形态系数与立体角投射率相等。

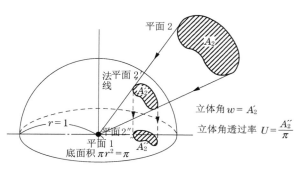

图7.17 立体角透过率

当平面2覆盖半球的整个面时形态系数为1,面积 A_2',即平面2的立体角发生大小变化时形态系数也会随之发生变化,而且即使是同一个立体角,平面的位置距法线方向远近不同,其形态系数也不一样。

下面,再进一步对全形态系数加以分析。全形态系数中除公式(7.26)所表示的逆定理外,还有称为封闭空间中的总和定律。

$$\sum_j F_{i\to j}=1 \quad (全形态系数的总和定律) \quad (7.28)$$

其中,左侧的总和表示对构成封闭空间的所有面进行累计计算。全形态系数的总和定律表示从面 i 发出的辐射入射到包括面 i 本身在内构成封闭空间的各个面之和。

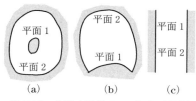

图7.18 全形态系数 $F_{1\to2}$ 为1时示例

图7.18为全形态系数 $F_{i\to2}$ 为1时的示例。图中的(c)表示设定条件为平面无限大。应当注意的是,即使 $F_{i\to2}$ 为1,F_{2-1} 也不一定就是1。另外,图中的(a)、(b)中的面2为凹部时,对自己本身的全形态系数 $F_{2\to2}$ 并不会成为0。图中的(a)～(c)根据总和定律,可以得到下述公式:

COLUMN 利用光线追迹计算全形态系数

全形态系数一般可通过下述3种方法求出:

· 利用图形的方法

· 利用写真摄影的方法

· 利用数值计算的方法

图形方法是在数值计算方法中表示被称作光线追迹的方法原理。当求解 $F_{1\to2}$ 时,来自面1的射出点及射出方向无作为,而是了解射出的辐射是否到达面2。如果通过反复进行这一操作求出到达面2的比例,就可以计算出全形态系数的接近值。另外,如果采用光线追迹的方法,那么也可以计算出面中电磁波的反射·吸收,所以也就可以利用CG(Computer Graphics,计算机制图)绘制的图像。

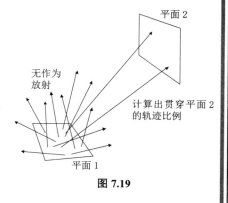

图7.19

$$F_{1\to1}+F_{1\to2}=1, \quad F_{2\to1}+F_{2\to2}=1 \qquad (7.29)$$

d. 常温频域中的辐射热授受

两个平面之间的辐射热授受公式（7.21）、公式（7.22）表示产生的净热流与两个面的绝对温度的 4 次方之差成一定的比例。另外，热传导公式（7.1）及对流传热公式（7.11）也是与两个温度的温度差成比例的热流。其中，假设与表面温度的 4 次方成比例射出的辐射与温度成比例，就可以热传导及对流传热相同的形式获得热能。

根据斯忒藩－玻耳兹曼定律（7.13），图 7.20 中的直线表示黑体表面的温度与辐射量的关系。现在，表面温度在 0 ～ 40℃ 的常温频域时，即使接近图中虚线所示的直线，也存在一定的误差，20℃（293K）中的公式（7.13）用下述公式表示：

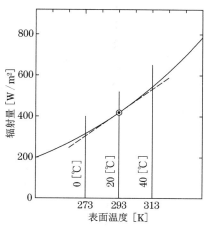

图 7.20 近似于黑体辐射的直线

$$E_b=aT_s+b \qquad (7.30)$$

其中，a 是公式（7.13）中 T_s=293K 时的梯度，a=4σ293³=5.7W/（m²·K）。另外，b 为常数。

如果公式（7.30）为常温频域中的辐射量近似式，那么无限平行的两个平面的辐射授受公式（7.21）即为

$$q_{1-2}=\{(aT_1+b)-(aT_2+b)\}\Big/\Big(\frac{1}{\varepsilon_1}+\frac{1}{\varepsilon_2}-1\Big)$$
$$=a(T_1-T_2)\Big/\Big(\frac{1}{\varepsilon_1}+\frac{1}{\varepsilon_2}-1\Big)=a(\theta_1-\theta_2)\Big/\Big(\frac{1}{\varepsilon_1}+\frac{1}{\varepsilon_2}-1\Big) \qquad (7.31)$$

应当注意的是，其中的 θ_1、θ_2 为平面 1、平面 2 的温度 [℃]。公式（7.31）是常温频域中的近似式。同样，任意位置关系中的黑体辐射授受公式（7.22）可导出下述公式：

$$q_{1-2}=\{(aT_1+b)-(aT_2+b)\}A_1F_{1\to2}$$
$$=a(T_1-T_2)A_1F_{1\to2}$$
$$=a(\theta_1-\theta_2)A_1F_{1\to2}$$
$$(=a(\theta_1-\theta_2)A_2F_{2\to1}) \qquad (7.32)$$

公式（7.31）适用于任意的辐射量 ε，而公式（7.32）则只适用于两个平面为黑体时的状况。但是，一般建筑材料的表面多为 ε=0.9 左右，所以假设两个面都是 ε=0.9，那么辐射量的近似式（7.30）的斜度（斜率）a_r 即为

$$a_r=\varepsilon\cdot4\sigma293^3=0.9\cdot5.7=5.1\ [W/(m^2\cdot K)] \qquad (7.33)$$

所以，将 a_r 代入公式（7.32）中的 a，就能适用于其他状况了。即

$$q_{1-2}=a_r(\theta_1-\theta_2)A_1F_{1\to2}=a_r(\theta_1-\theta_2)A_2F_{2\to1} \qquad (7.34)$$

式中的 a_r 称为辐射传热系数 [W/（m²·K）]。辐射传热系数对应于表示对流传热公式（7.11）中的对流传热系数 a_c，二者都会产生与温度差成比例的热流。但应当注意的是，当不是常温频域时就不能套用公式（7.34），而且因未考虑 2 个面中的反射，所以只适用于接近 1 时的情况。

◇ **练习题**

7.1 图 7.21 中所示外墙的室内表面温度为 15℃，室外表面温度为 0℃。在求解混凝土与隔热材料中的温度的同时，还需将外墙内部的温度分布状态用图表示出来。

石膏板：0.17W/（m·K），隔热材料：0.04W/（m·K），混凝土 1.4W/（m·K）。

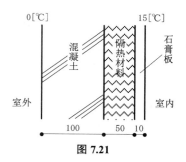

图 7.21

7.2 地面采暖按从地板表面到室内空气的对流热传递产生的热流为 50W/m² 的要求进行设计。请问，当地板表面温度为多少度时，室温（气温）可以达到 20℃？对此，可用图 7.11 求出概算值。但风速可假设为 0。

7.3 从地球看到的太阳很小，形态系数（$F_{1→2}$）约为 2.2×10⁻⁵。但因太阳表面温度高达 5800K，所以对照射到地球的辐射传热不能忽视。不必考虑大气的吸收·散射效果，求出入射到地球法线面 1m² 的辐射量［W/m²］（并非净热流，而是求出太阳照射到地球上的辐射量。另外，太阳表面作为黑体处理）。

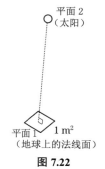

图 7.22

8. 建筑物外表面的传热

在建筑物外表面上，其边界条件为室外气温、太阳辐射、夜间辐射等。外表面的辐射环境包括太阳辐射的吸收、与天空及地面的长波长辐射热交换。因与大气之间有对流传热，所以通过辐射传热、对流传热，热能就会从外部环境通过外墙表面传到室内。通过墙体内部的热传导将热能从外表面传到内表面。

在室内表面中，外墙的室内表面与室内空气具有对流传热，而且在内墙、室内地面、顶棚等表面之间也存在着辐射传热。另外，还有从窗户照射到室内的透过太阳辐射、来自室内照明器具的短波长辐射等室内表面的入射、吸收等。当通过来自外部的热传导产生的热能与在室内表面的对流、辐射的热收支进入室内时，就是热摄取。当热损耗时热流的方向则相反，是从室内向外墙侧的室内表面移动，热能流失到室外。

这种通过外墙及窗户等外周部位的建筑外表面（building envelope）的热损耗・热摄取就是冷暖气房负荷的要素，而且热贯流率及太阳辐射遮蔽等还可用来表示热性能。

8.1 室内外表面的传热

与在建筑物外表面的传热有关的因素包括：与室外气温的对流传热、太阳辐射、来自天空的辐射、来自地面的辐射（图8.1）。以外墙为例，外表面中的热收支可用公式（8.1）表示。

$$q_{os} = q_c + q_I + R_s + R_g - R_{os} \qquad (8.1)$$

其中，q_{os}：从外表面到墙体内部的热流 $[W/m^2]$，q_c：从室外空气到外表面的对流传热 $[W/m^2]$，q_I：外表面吸收的太阳辐射量 $[W/m^2]$，R_s：由外表面吸收的来自天空的长波长辐射（大气辐射）$[W/m^2]$，R_g：由外表面吸收的来自物体的长波长辐射 $[W/m^2]$，R_{os}：来自外表面的长波长辐射 $[W/m^2]$。

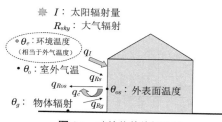

图 8.1 建筑物的外部环境

公式（8.1）的左边是由外表面流入外墙内部的热量；右边是将流入外表面设为正。右边的各项用公式（8.2）～公式（8.6）表示。

$$q_c = a_{oc}(\theta_o - \theta_{os}) \qquad (8.2)$$

$$q_I = a_s I_w \qquad (8.3)$$

$$R_{os} = \varepsilon_{os} \sigma T_{os}^4 \qquad (8.4)$$

$$R_s = \varepsilon_{os} F_s R_{sky} = \varepsilon_{os} F_s \varepsilon_a \sigma T_o^4 \qquad (8.5)$$

$$R_g = \varepsilon_{os}(1 - F_s) R_{grd} = \varepsilon_{os}(1 - F_s) \varepsilon_g \sigma T_g^4 \qquad (8.6)$$

其中，a_{oc}：外表面对流传热系数 $[W/m^2]$，θ_o：室外气温 $[℃]$，θ_{os}：外表面温度 $[℃]$，a_s：外表面太阳辐射吸收率 $[-]$，I_w：外表面入射太阳辐射量 $[W/m^2]$，ε_{os}：外表面辐射率 $[-]$，σ：黑体的辐射常量 $[5.67 \times 10^{-8} W/(m^2 \cdot K^4)]$，$T_{os}$：外表面绝对温度 $[K]$，F_s：从外表面观看天空的形态系数 $[-]$，R_{syk}：大气辐射 $[W/m^2]$，ε_a 大气辐射率 $[-]$，

R_g：来自物体的辐射热流 [W/m^2]，ε_g：来自物体的辐射率 [-]，T_g：外气的绝对温度 [K]，T_g：物体的绝对温度 [K]。

根据这些公式对来自外表面的长波长辐射有关内容进行整理，并用辐射传热系数来表示外表面中的辐射热交换，即为公式（8.7）。

$$R_s + R_g - R_{os} = R_s + R_g - \varepsilon_{os}\sigma T_{os}^4 + (\varepsilon_{os}\sigma T_o^4 - \varepsilon_{os}\sigma T_o^4)$$
$$= \alpha_{or}(\theta_o - \theta_{os}) + (R_s + R_g - \varepsilon_{os}\sigma T_o^4) \qquad (8.7)$$

其中，a_{or}：外表面辐射传热系数 [W/ (m^2 • K)]。如果在公式（8.7）中加上外表面与外气温的对流传热系数，就可以像公式（8.1）那样用总传热系数表示。

$$q_{os} = \alpha_{oc}(\theta_o - \theta_{os}) + \alpha_{or}(\theta_o - \theta_{os}) + a_s I_w + (R_s + R_g - \varepsilon_{os}\sigma T_o^4)$$
$$= \alpha_o(\theta_o - \theta_{os}) + a_s I_w + (R_s + R_g - \varepsilon_{os}\sigma T_o^4) \qquad (8.8)$$

$$\alpha_o = \alpha_{oc} + \alpha_{or} \qquad (8.9)$$

其中，a_o：外表面总传热系数 [W/ (m^2 • K)]。

*1　夜间辐射是表示地表与天空的长波长辐射收支的用语。并非仅在夜间看到的辐射而是昼夜均可看到（参见 2.1.4 项）。

用公式（8.8）可以求出大气辐射和来自地球表面物体的辐射。地物的温度等于外气温，地物的辐射率为1。也就是说假设地物为黑体，就会像公式（8.10）所示的那样，可以用公式（8.11）的夜间辐射（nocturnal radiation）*1 表示。

$$q_{os} = \alpha_o(\theta_o - \theta_{os}) + a_s I_w - F_s \varepsilon_{os} RN \qquad (8.10)$$

$$RN = (1 - \varepsilon_a)\sigma T_o^4 \qquad (8.11)$$

其中，RN：夜间辐射 [W/m^2]。

可见，用公式（8.8）或公式（8.10）都可以表示外表面的热收支。也可以用公式（8.10）将室外气温、太阳辐射、长波长辐射等外部热环境因素用一个环境温度表示。外部的环境温度称之为等效外气温。以公式（8.8）为例，等效外气温用公式（8.13）表示 [等效外气温也被称作"唯一大气温度"（sol-air temperature）]。

$$q_{os} = \alpha_o(\theta_e - \theta_{os}) \qquad (8.12)$$

其中，θ_e：等效外气温度 [℃]。

$$\theta_e = \theta_o + \frac{a_s I_w + R_s + R_g - \varepsilon_{os}\sigma T_{os}^4}{\alpha_o} \qquad (8.13)$$

正如公式（8.10）那样，用夜间辐射时，即为

$$\theta_e = \theta_o + \frac{a_s I_w - F_s \varepsilon_{os} RN}{\alpha_o} \qquad (8.14)$$

建筑外表面的计算所使用的表面传热系数、对流传热系数会受到风速的影响，而辐射传热系数则会受温度的影响，风速决定变化的大小。表8.1所示为外表面传热系数示例。

外表面传热系数 [W/ (m^2 • K)]　　　　　　　　　　　　　　　表 8.1

	传热系数	条件	计算式
对流传热系数 α_{oc}	18～20	风速 3m/s 左右	$\alpha_{oc} = 4.7 + 7.6v^{8, 12)}$ $\alpha_{oc} = 4 + 4v^{9)}$ （v 为外表面附近的风速 [m/s]）
辐射传热系数 α_{or}	4.6～5.1	平均温度 θ_m：10～20℃	按 $\alpha_{or} = \varepsilon_o 4\sigma T_m^3$，$T_m = \theta_m + 273.16$
	5.7～6.3	平均温度 θ_m：30～40℃	$\varepsilon_o = 0.9$ 计算
总传热系数 α_o	23	换算 20kcal/ (m^2 • h • ℃)	
	25	ISO 6945$^{9)}$，JIS-A2101$^{13)}$	

【例题 8.1】 请计算夏季外墙的等效室外温度。已知：入射太阳辐射量为 $600W/m^2$、夜间辐射量为 $120W/m^2$、外气温 30℃、外墙的太阳辐射吸收率 0.7、辐射率 0.9，外表面总传热系数为 $25[W/(m^2 \cdot K)]$。

[解] 用公式（8.14）计算。因外墙是垂直面，所以 F_s=0.5。

$$\theta_e = 30 + (0.7 \times 600 - 0.5 \times 0.9 \times 120)/25 = 30 + 16.8 - 2.2 = 44.6 [℃]$$

外部环境的温度白天受日照的影响从 30℃上升 16.8℃，受夜间放射的影响降低 2.2℃。结果其有效外气温为 44.6℃。

对于外部环境不必特别考虑，而且地面的温度与气温相等。在进行计算时，还要考虑到城区相邻建筑物等周围环境对太阳辐射的遮蔽及长波长辐射的影响等因素。

8.2 室内表面的传热

如图（8.2）所示，在室内表面，室内表面与室内空气产生对流传热的同时，还会产生室内表面相互间的辐射传热。因此，室内表面的传热，特别是辐射传热与外表面相比要为复杂。但在实用性方面，可以采用简便的方法。如果考虑到外墙的内表面，对流及辐射传热就可以用下述公式表示。正如图 8.2（a）中所示，当室内表面为 N 面时，则可以表示为 j=1，2，…，N 各面。下面，就对 1 个面，j 面做一说明。

$$q_{is} = q_{ic} + q_{ir} + q_{SR} \tag{8.15}$$

$$q_{ic} = a_{ic}(\theta_{is} - \theta_r) \tag{8.16}$$

$$q_{ir,j} = \sum_{n=1}^{N} \sigma W_{jn}(T_{is,j}^4 - T_{is,n}^4) \tag{8.17}$$

其中，q_{is}：流入室内表面的热流 $[W/m^2]$；q_{ic}：从室内表面向室内空气产生的对流传热 $[W/m^2]$；q_{ir}：室内表面与其他室内表面的净辐射交换热流 $[W/m^2]$；q_{SR}：室内表面吸收的短波长辐射 $[W/m^2]$；a_{ic}：室内表面对流传热系数 $[W/(m^2 \cdot K)]$；θ_{is}：室内表面温度 $[℃]$；θ_r：室温 $[℃]$；W_{nj}：n 面与 j 面的辐射热交换系数 $[-]$；T：绝对温度 $[K]$。

q_{SR} 是透过太阳辐射及照明等产生的短波长日射的吸收量。室内的辐射热交换 q_{ir} 可以采用在短评栏（COLUMN）中所述的方法进行正确的计算，但传热系数的计算等采用近似的方法。

正如图 8.2(b)中所示，辐射成分中的室内表面温度用平均辐射温度 θ_{mrt} 代表，外墙内表面的辐射传热用下述公式表示。严格地说室内各表面的 θ_{mrt} 值都不相同。

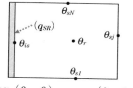

$q_{ic} = a_{ic}(\theta_{is} - \theta_r)$，　$q_{ir} = a_{ir}(\theta_{is} - \theta_{mrt})$

（a）室内热环境（室温与室内表面温度）

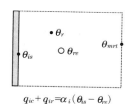

$q_{ic} + q_{ir} = a_i(\theta_{is} - \theta_{re})$

（b）室温与室内环境温度

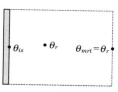

$q_{ic} + q_{ir} = a_i(\theta_{is} - \theta_r)$

（c）假设平均辐射温度与室内相等时

图 8.2 室温与室内表面温度

不过，当采用公式（8.20）时，用面积加权平均数来代表的居多。

$$q_{ir} = \alpha_{ir}(\theta_{is} - \theta_{mrt}) \tag{8.20}$$

其中，α_{ir}：室内表面辐射传热系数 [W/（m^2·K）]；θ_{mrt}：室内平均辐射温度 [℃]。

如果只用总传热系数 α_i 就要将室内对流、辐射产生的传热都表示出来，那么，其传热系数就可以用公式（8.21）表示：

$$q_{ic} + q_{ir} = \alpha_{ic}(\theta_{is} - \theta_r) + \alpha_{ir}(\theta_{is} - \theta_{mrt}) = \alpha_i(\theta_{is} - \theta_{re}) \tag{8.21}$$

但是，

$$\alpha_i = \alpha_{ic} + \alpha_{ir} \tag{8.22}$$

$$\theta_{re} = \frac{\alpha_{ic}\theta_r + \alpha_{ir}\theta_{mrt}}{\alpha_i} \tag{8.23}$$

其中，α_i：室内表面总传热系数 [W/（m^2·K）]；θ_{re}：室内环境温度 [℃]。

从公式（8.21）可以得知，采用总传热系数时室温并不是室内空气温度，而是用公式（8.23）所表示的室内环境温度。或者也可以将导入总传热系数的过程中的室温解释为室内空气的温度。这时除外墙，就可以设定为室内表面所产生的平均辐射温度与室内空气温度相等。

总传热是一种十分便利的想法，外表面、室内表面大多都用总传热系数进行计算。表 8.2 表示室内表面传热系数的值。表 8.2 的设定条件是当为暖气房时或

COLUMN　外墙内表面的辐射传热

公式（8.18）表示所要考虑的外墙内表面与其他表面间的辐射传热。室内的家具及设备或室内人员等都会影响到室内表面间的辐射传热。通常，是对没有什么物体的房间加以考虑。其中，$W_{n,j}$ 是室内表面间的辐射热交换系数，是根据形态系数、辐射率等，用包括室内表面中相互反射在内的计算式推导得出的。用辐射度（radiosity）的概念可以得到辐射热交换系数。[5] 在 $W_{n,j}$ 的计算中需要进行行列计算。如果忽略相互发射，则外表面室内侧与其他的表面就可以用两个面之间的辐射传热计算式来表示。

$$q_{ir,j} = \sum_{n=1}^{N} \varepsilon_j \varepsilon_n \sigma F_{j,n}(T_{is,j}^4 - T_{is,n}^4) \tag{8.18}$$

无论是哪个设定条件，其形态系数的计算都会十分烦琐，需要花费一定的时间和精力。辐射传热中包含有表面温度的 4 次方项，但在建筑物中温度处于常温的范围内，所以辐射传热一般多采用近似线性的辐射传热系数。这时，包括相互反射在内的辐射传热的计算可以用公式（8.19）表示。

$$q_{ir} = \sum_{n,j=1}^{N} a_{isj,n}(t_{is,j} - t_{is,n}) \tag{8.19}$$

在室温及热负荷的模拟中，即使计算量大也没有关系，可以采用将对流与辐射分流进行计算，即按传热的计算理论进行计算的方法，而且这种计算方法经常被采用。除室温·热负荷模拟外，就像传热系数计算那样只对外墙及屋顶等部位进行计算以及进行性能实验的也很多。这时，因室内的其他表面是未设定的，所以一般室温也是未知的，而且可仅对未设定部位的热能状态进行评价也十分便利。为此，经常会使用将对流与辐射综合在一起的总和传热。

室内表面传热系数 [W/（m²·K）]　　　　　表 8.2

		水平热流 墙壁、窗户等	热流向上 暖气房时的顶棚， 冷气房时的地面等	热流向下 暖气房时的顶棚， 冷气房时的地面等
对流传热系数	α_{ic}	3.5	4～5	1
辐射传热系数	α_{ic}	5～6	5～6	5～6
总传热系数	α_i	8～9.5[9]	9～11[9]	8～7[9]
		8[13]	10[13]	6[13]

冷气房时，而辐射传热系数往往要比对流传热系数大。对流成分因自然对流的影响大，所以地面及顶棚等的水平面、墙壁、窗户等的垂直面及热流方向的不同，其值也不同。另外，如果空调机排出空气的影响大，因会产生强制对流而使得对流传热系数增大。辐射成分因室内表面温度而有所差异，一般所用的设定值为夏季 30℃，冬季 20℃ 左右。在传热系数的计算中，未指定热流方向时，室内表面总传热系数多采用 9W/（m²·K）或 9.3W/（m²·K）。

【例题 8.2】 已知：外墙，室内侧表面温度 31℃，室内空气温度 27℃。问：当室内平均表面温度 29℃ 时，来自外墙的热摄取应为多少？室内表面的传热系数中的对流、辐射分别设为 3.5、5.5。另外，求出此时的室内环境温度。但 $q_{sr}=0$。

［解］　首先，分别求出对流、辐射传热量。可用公式（8.16）、公式（8.20）进行下述计算：

$$q_{ic}=3.5\times(31-27)=14\ [\text{W/m}^2]$$
$$q_{ir}=5.5\times(31-29)=11\ [\text{W/m}^2]$$
$$\therefore q_i=14+11=25\ [\text{W/m}^2]$$

由此得到的总传热系数为 $a_i=a_{ic}+a_{ir}=3.5+5.5=9[\text{W/（m}^2\cdot\text{K）}]$。环境温度用公式（8.2）计算即为 $q_i=9(31-28.22)=25[\text{W/m}^2]$。根据公式（8.23），即为：$\theta_{re}=(3.5\times27+5.5\times29)/9=28.22[℃]$。

8.3　墙体的传热

除窗户外，可将外墙、屋顶、地板等部位的热摄取、热损耗与墙壁一起进行论述。不同部位按不同的构成材料设置时，虽然墙壁是垂直的、地板是水平的，但屋顶却有水平或倾斜等之分。部位的设置方向会影响到对流传热，但与热摄取及热损耗有关的基本方法却是相同的。下面，以外墙为例做一说明。

若将建筑外表面及室内表面的传热与墙体内部的传热一并加以考虑的话，对于从外部流入室内或流出的热量很容易计算。用传热系数进行计算时，室外侧表面用等效外气温、室内侧用室内环境温度，按照下式就可以求得交换热量。图 8.3 所示为外墙传热系数的计算模式。

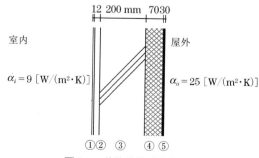

图 8.3　外墙传热系数的计算
① 石膏板 12mm，② 空气层 $r_a=0.09[(\text{m}^2\cdot\text{K)/W}]$，③ 混凝土 200mm，④ 玻璃纤维（隔热材料）70mm，⑤ 外装材料 30mm。

正如上节所述，室温 θ_i 就是环境温度，但实际上大多都是将其作为空气温度进行计算的。

$$H = qA = KA(\theta_e - \theta_i) \tag{8.24}$$

或若用单位面积表示，即为

$$q = K(\theta_e - \theta_i) \tag{8.25}$$

其中，H：墙体传热量 [W]，A：面积 [m²]，K：传热系数 [W/（m²·K）]。

上式中外部流入室内的热流为正，流向室内的热摄取为正。因此，热损耗为负。假设墙体内部的热移动为一维稳态热传导，就可以用下述公式（其中，传热阻的计算式可用第 7 章所述方法导出）进行计算：

$$K = \frac{1}{R} = \frac{1}{r_i + r_w + r_o} \tag{8.26}$$

式中，

$$R = r_i + r_w + r_o \tag{8.27}$$

但是，

$$r_o = \frac{1}{\alpha_o}, \qquad r_i = \frac{1}{\alpha_i} \tag{8.28}$$

$$r_w = r_1 + r_2 + \cdots + r_m + \cdots + r_M \tag{8.29}$$

墙壁由 M 层构成，根据材料的构成从各层的传热阻求出墙体内部的传热阻。当为一般材料时，从各层材料的厚度 d、导热系数 λ 就可以得到公式：

$$r_m = \frac{d}{\lambda} \tag{8.30}$$

当为中空层时，就可以用中空层的传热阻或传热系数在公式（8.31）中表示。正如 8.4.2 项中所述，中空层的传热系数由对流成分、辐射成分构成。

$$r_m = r_a = \frac{1}{C_a} \tag{8.31}$$

式中的 R：传热阻 [m²·K/W]，r_i：室内表面传热阻 [m²·K/W]，r_o：外表面传热阻 [m²·K/W]，r_w：墙体内部传热阻 [m²·K/W]，r_m：m 层的传热阻 [m²·K/W]，r_a：中空层的传热阻 [m²·K/W]，C_a：中空层的传热系数 [W/（m²·K）]，d：材料的厚度 [m]，λ：材料的导热系数 [W／（m·K）]。

因热摄取的计算公式使用的是等效外气温度，所以太阳辐射能的摄取也包含在内。但也可以按外气温产生的辐射和与日射、大气辐射有关的辐射进行划分。此外，可按室内外温差及日射、外部长波长辐射等外部气象条件的因素来表示热摄取、热损耗。

$$H = KA(\theta_e - \theta_i) = KA\left(\theta_o + \frac{a_s I_w - F_s \varepsilon_{os} RN}{\alpha_o} - \theta_o\right) \tag{8.32}$$

或者，

$$H = A\left\{K(\theta_o - \theta_i) + \frac{Ka_s}{\alpha_o}I_w - \frac{K}{\alpha_o}F_s \varepsilon_{os} RN\right\} \tag{8.33}$$

上述公式中右边的第 1 项表示室内外温差，第 2 项表示太阳辐射热的摄取，第 3 项是长波长辐射产生的热损耗。另外，右边第 2 项使用的是下述公式中所表示的太阳辐射侵入率 η_w，用 $\eta_w I_w$ 表示。

$$\eta_w = \frac{Ka_s}{\alpha_o} \tag{8.34}$$

【例题8.3】 求解图8.3所示面积18m² 的外墙传热系数和通过热量。已知：表面传热系数分别为 a_i=9 [W／(m²・K)]、a_o=25 [W／(m²・K)]。另外，中空层（空气层）的传热阻为 r_a=0.09[m²・K/W]。材料的导热系数可参照"表8.3"，室外气温为8℃、室温为20℃，太阳辐射、大气辐射可忽略不计。

［解］ 表8.3的数据是根据表中给出的公式得出，给出了传热系数的计算方法。可用公式（8.26）、公式（8.29）进行计算。

传热系数的计算   表8.3

		导热系数 λ [W／(m・K)]	厚度 d [m]	传热阻 $r=d/\lambda$ [m²・K/W]
室内	室内表面传热阻 r_i=1/9			0.111
①	石膏板	0.17	0.012	0.071
②	空气层 r_a=0.09			0.090
③	混凝土	1.4	0.2	0.143
④	玻璃纤维	0.041	0.07	1.707
⑤	外装材料	0.17	0.03	0.176
屋外	外表面传热阻 r_i=1/25			0.040
总传热阻 R_i（各传热阻 r 的合计）				2.338
传热系数 $K=1/R_i$				0.43

从表8.3中可以得知传热系数为0.43。根据公式（8.23）求得的通过热量为

$$H=0.43×18×(20-8)=92.9 [W]$$

【例题8.4】 根据墙体的通过热量求出表面温度。

［解］ 考虑到墙体的通过热量与表面流入室内的热量 q [W/m²] 相等，就可以求出表面温度。设 $\theta_{re}=\theta_r$，公式（8.21）与公式（8.25）相等，就可以求出 θ_{is} 的解。

$$q=a_i(\theta_{is}-\theta_r)=K(\theta_e-\theta_r)$$

$$\theta_{is}=\theta_r+\frac{q}{a_i}=\theta_r+\frac{K(\theta_e-\theta_r)}{a_i}$$

在冷气房负荷计算中，需要考虑的并不只是传热系数还有墙体热容量的影响。目前所采用的是实效温度差（等效温度差）ETD（Equivalent Temperature Difference）的计算方法[6, 19]。在采用实效温度差的冷气房负荷计算法中，可以按照非稳态热传导的观点从外墙的传热阻、热容量和太阳辐射与外气温的日变动到室内的热摄取求出。ETD 需要预先按照墙壁种类、太阳辐射量和大气温度的日变动进行计算得出相关的数据。用这种方法，就可以用下述公式求出来自外墙的热摄取了。

$$H=KA・ETD \qquad (8.35)$$

8.4 窗户的热摄取・热损耗

8.4.1 传热・太阳辐射的吸收与透过

因玻璃窗很薄、传热阻小，从窗户流失的热损耗就会很大，所以为减少暖气

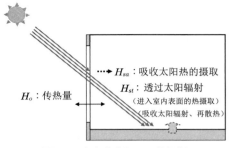

H_o：传热量

$\cdots\cdot\blacktriangleright H_{sa}$：吸收太阳热的摄取

H_{st}：透过太阳辐射
（进入室内表面的热摄取）
（吸收太阳辐射、再散热）

图 8.4 窗户的热摄取·热损耗

房的负荷，窗户就要做到高隔热化。另外，因阳光会透过玻璃照射到室内，因而可以摄取太阳辐射热，冬季则有助于天然暖气房的形成。但如果夏季室内过热，就会使冷气房的负荷增加。为确保窗户的采光以及隔热性能二者并存，就要求具有可随季节及时间来调整日照的功能。如图 8.4 所示，来自窗户的热摄取用公式（8.36）表示。

$$H_G = H_o + H_{sa} + H_{st} \tag{8.36}$$

式中的 H_G：玻璃窗的热摄取 [W]，H_o：室内外温差产生的传热量 [W]，H_{sa}：吸收太阳辐射热摄取 [W]，H_{st}：从窗户照射到室内的透过太阳辐射造成的热摄取 [W]。

吸收太阳辐射热摄取是被玻璃吸收的太阳辐射流入的热量，透过窗户进入室内的直接的热摄取是 $H_o + H_{sa}$。H_{st} 是透过窗户照射到室内的太阳辐射量，可以说是来自窗户的热摄取的一种，但并不是来自窗户的直接热摄取，而是照射、吸收室内地面及内墙等室内表面的热摄取。

8.4.2　窗户的传热系数

玻璃窗的传热系数的计算方法基本上与墙壁相同，而对太阳辐射热摄取进行计算时，应当考虑到玻璃板的透过率及吸收率的性质。为此，若用环境温度表示外气温与外部的长波长辐射，除去日射的传热量用下述公式表示：

$$H_o = q_o A_G = K_G A_G (\theta_{oe} - \theta_r) \tag{8.37}$$

$$K_G = \frac{1}{R_G} = \frac{1}{r_1 + r_G + r_o} \tag{8.38}$$

$$\theta_{oe} = \theta_o + \frac{(R_s + R_g - \varepsilon_{os}\sigma T_o^4)}{\alpha_o} \tag{8.39}$$

外表面的长波长辐射热交换用夜间辐射表示时，即为

$$\theta_{oe} = \theta_o - \frac{F_s \varepsilon_{os} R N}{\alpha_o} \tag{8.40}$$

式中的 A_G：玻璃窗面积 [m²]，K_G：玻璃窗传热系数 [W/（m²·K）]，θ_{oe}：玻璃窗外部的环境温度 [℃]，r_G：玻璃部分的传热阻 [m²·K/W]。

正如图 8.5 所示，关于玻璃部分的传热阻，当采用单层玻璃时只是玻璃板的传热阻，而采用双层中空玻璃时则是两块玻璃的传热阻和中空层的传热阻。因玻璃板很薄，玻璃板的传热阻也可不必考虑，可考虑用公式（8.41）、公式（8.42）进行计算。

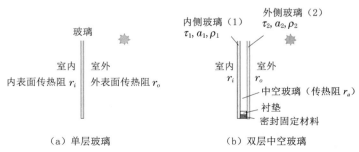

玻璃

室内　　室外
内表面传热阻 r_i　外表面传热阻 r_o

内侧玻璃（1）　外侧玻璃（2）
τ_1, a_1, ρ_1　　τ_2, a_2, ρ_2

室内　室外
r_i　r_o
中空玻璃（传热阻 r_a）
衬垫
密封固定材料

（a）单层玻璃　　　（b）双层中空玻璃

图 8.5　玻璃窗

玻璃窗的传热系数

表 8.4

		中空层					总传热阻 R_G [$m^2 \cdot K/W$]	传热系数 K_G [$m^2 \cdot K/W$]
		辐射率		辐射 C_r [$m^2 \cdot K/W$]	传导·对流 [$m^2 \cdot K/W$]	对流 + 辐射 [$m^2 \cdot K/W$]	传热阻 [$m^2 \cdot K/W$]	
		ε_1	ε_2	公式（8.44）	C_c	$C_a = C_c + C_r$	$r_G = 1/C_a$	公式（8.38）	$1/R_G$
单层玻璃　6mm		0.84						0.151	6.6
（1）	双层中空玻璃 两侧普通玻璃 6mm+12A+6mm	0.84	0.84	3.92	2.50	6.42	0.156	0.307	3.3
（2）	单侧低辐射率玻璃 6mm+12A+6mm	0.1	0.84	0.53	2.50	3.40	0.330	0.481	2.1
（3）	两侧低辐射玻璃 6mm+12A+6mm	0.1	0.1	0.29	2.50	2.79	0.359	0.510	2.0

* 玻璃平均温度 T_m=273+15=288[K]，$\alpha_i = 9$ [$W/(m^2 \cdot K)$]，$\alpha_o = 25$ [$W/(m^2 \cdot K)$]。
** 这时每块玻璃的传热阻为：从玻璃的导热系数 1.0W/（m·K）可以得出 $r = d/\lambda = 0.006/1 = 0.006$[$m^2 \cdot K/W$]，所以可以忽略不计。

$$单层（1 块）玻璃时：r_G = \frac{d}{\lambda} \qquad (8.41)$$

$$双层中空玻璃时：r_G = \left(\frac{d_1}{\lambda_1}\right) + r_a + \left(\frac{d_2}{\lambda_2}\right) \qquad (8.42)$$

对于玻璃的隔热性能来说，中空层的传热阻 r_a 是非常重要的。中空层的传热阻是由对流和辐射产生的。中空层薄的玻璃在密封状态下，辐射热是通过中空层内的流体产生热传导，所以也被称作对流·传导。

$$C_a = c_c + c_r \qquad (8.43)$$

通常，玻璃的中空层内封闭的是干燥空气。为了减少对流成分，也有将氩、氪、氙等惰性气体封闭在中空层内的。如果将中空层内做成真空的，那么对流传热就会为 0。中空层的辐射传热可用下述公式表示。为减少辐射传热，将玻璃内侧的辐射率减小就会有效。为此，采用可将长波长辐射产生的辐射率减小的 Low-e 玻璃（低辐射率玻璃），以提高窗户的隔热性能。

$$c_r = 4\sigma T_m^3 \bigg/ \left(\frac{1}{\varepsilon_1} + \frac{1}{\varepsilon_2} - 1\right) \qquad (8.44)$$

表 8.4 中表示双层中空玻璃中空层的传热阻对传热系数的影响。两块玻璃中有一块是 Low-e 玻璃，传热系数就会从 3.4W/（$m^2 \cdot K$）减至 2.1W/（$m^2 \cdot K$）；而如果两块玻璃都是 Low-e 玻璃的话，传热系数就是 2.0W/（$m^2 \cdot K$），几乎没有变化。当为单板玻璃时，玻璃本身的传热阻极小，只有室内侧、外表面侧的表面传热阻，所以其值为 6.6W/（$m^2 \cdot K$）。

8.4.3 吸收太阳辐射热的摄取

玻璃吸收的太阳辐射在外部及室内散热，其中室内散热的部分为吸收太阳辐射的热摄取 H_{sa}。太阳辐射在玻璃的太阳辐射透过率、吸收率中具有入射角的特性，所以应分为直接太阳辐射与散射太阳辐射。图 8.6 中的示例表示的就是玻璃的透过率、吸收率具有的入射角特性。

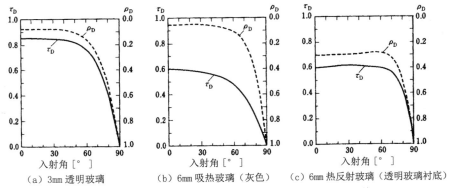

（a）3mm 透明玻璃   （b）6mm 吸热玻璃（灰色）   （c）6mm 热反射玻璃（透明玻璃衬底）

图 8.6 玻璃的透过率・吸收率・反射率具有的入射角特性[5]

玻璃吸收的太阳辐射可以使玻璃板的温度上升。其结果通常玻璃的温度会高于室温、外气温，并产生流向室内及外部的热流。其中流入室内的热流就是被玻璃吸收的太阳辐射的热摄取。

$$H_{sa}=A_G(B_{Gd}I_{Gd}+B_{Gs}I_{Gs}) \tag{8.45}$$

式中的 B_G：吸收太阳辐射摄取率 [-]，I_G：入射玻璃窗的太阳辐射量 [W]，脚码的 d 表示直接太阳辐射，s 表示散射太阳辐射。

吸收太阳辐射摄取率是入射玻璃的太阳辐射被吸收后进入室内的部分。当采用单层玻璃时，吸收太阳辐射摄取率为

$$B_G=\frac{r_o}{R_G}a=K_Gr_oa \tag{8.46}$$

其中，a：玻璃的太阳辐射吸收率 [-]，太阳辐射吸收率可按直接太阳辐射和散射太阳辐射，分别求解 B_{Gd} 和 B_{Gs} 的值。

当采用双层中空玻璃时，室内侧为 1 块、外部为 2 块，脚码 1、2 分别表示 1 块玻璃、2 块玻璃的太阳辐射吸收率 a_1、a_2，这时可用公式（8.47）表示。[*2]

$$B_G=\frac{r_G+r_o}{R_G}a_{T(i)}+\frac{r_o}{R_G}a_{T(o)}=K_G\{(r_G+r_o)a_{T(i)}+r_oa_{T(o)}\} \tag{8.47}$$

吸收太阳辐射摄取率也可以表示 2 层以上的窗户构成。可以使用装有 3 层玻璃及百叶窗或窗帘等由多层材料构成的窗户所采用的计算模式[5, 7, 14]。

8.4.4 透过太阳辐射

利用太阳辐射透过率可以计算出透过玻璃窗的太阳辐射量。

$$H_{st}=A_G(\tau_{Td}I_{Gd}+\tau_{Ts}I_{Gs}) \tag{8.48}$$

公式中的 τ_T 表示玻璃的太阳辐射总和透过率 [-]，τ_T 表示玻璃的太阳辐射透过率，当为单层玻璃时是玻璃板本身的透过率；而为双层中空玻璃时，2 层玻璃板之间会相互产生反射，则为左侧注释所示。

透过太阳辐射所造成的热摄取用室温・热负荷模拟时并不是窗户的直接热摄取，但在对来自各部位的热摄取进行计算时，一般都包括来自窗户的热摄取。

8.4.5 窗户的太阳辐射热的摄取

正如图 8.6 所示，玻璃的透过率、吸收率中具有入射角特性。所以，根据玻璃板的透过率及吸收率、反射率等计算的 τ_T 及 B_G 也都具有入射角特性。这些玻

COLUMN 玻璃窗的热性能

　　表 8.5 中所示为单层玻璃、双层中空玻璃等的太阳辐射透过率、吸收率、传热系数、太阳辐射摄取率等。双层中空玻璃的太阳辐射透过率、吸收率是根据表计算后的结果。正如公式(8.46)、公式(8.47)所示，在吸收太阳辐射摄取率、太阳辐射侵入率（日射穿透率）的计算中，用于 2 块玻璃的太阳辐射吸收率和传热系数计算的室内外表面、中空层的传热阻是必不可少的。在表 8.2 中，列举了 3 种不同条件的计算示例：两块透明玻璃时、图 8.5 所示的内侧为低辐射率玻璃时和外侧为低辐射玻璃时。

玻璃窗的太阳辐射透过率、吸收率、太阳辐射热摄取率　　表 8.5

	玻璃窗透过率·吸收率			中空层传热阻	外表面传热阻	传热阻	传热系数	吸收太阳热摄取率 B_G	太阳辐射热摄取率 η
	总和透过率	吸收率（室内侧）	吸收率（外侧）	[m²·K/W]	[m²·K/W]	[m²·K/W]	[W/(m²·K)]	公式(8.46) 公式(8.47)	公式(8.55)
	τ_T	$a_{T(1)}(1)$	$a_T(2)$	r_G	r_o	R_G	$K_G=1/R_G$		
（1）单层玻璃　两侧透明	0.79	0.14			0.04	0.151	6.6	0.037	0.83
双层中空玻璃（a）6mm+12A+6mm 内侧低辐射率（隔热）	0.63	0.11	0.15	0.156	0.040	0.307	3.3	0.090	0.72
（b）6mm+12A+6mm 外侧低辐射率	0.47	0.16	0.19	0.330	0.040	0.481	2.1	0.139	0.61
（c）（隔热·遮蔽热）6mm+12A+6mm	0.36	0.06	0.26	0.359	0.040	0.510	2.0	0.067	0.43

璃板的每个入射角既有透过率、吸收率、反射率，也有近似公式。但在计算实际的太阳辐射摄取时，每次都需要根据玻璃板的透过率、吸收率来计算总和透过率及太阳辐射摄取率，十分烦琐。下面，对采用标准化入射角特性简易方法做一说明。我们在前面所述的 τ_T、B_G 是用垂直入射时的值进行计算后的所得值，直接太阳辐射、散射太阳辐射分别用下述公式进行计算：

$$\tau_{Td}=G_{id}\tau_T \qquad (8.49)$$

$$\tau_{Ts}=C_{is}\tau_T \qquad (8.50)$$

$$B_{Gd}=C_{id}B_G \qquad (8.51)$$

$$B_{Gs}=C_{is}B_G \qquad (8.52)$$

其中，C_{id} 是标准化的入射角特性，用玻璃面与太阳光线构成的入射角 θ（第 3 章）用下述公式表示。公式(8.54)是对散射太阳辐射的值，设定与天空辉度一样的天空太阳辐射后求出的值。[5]

$$C_{id}=3.4167\cos\theta-4.3890\cos^2\theta+2.4948\cos^3\theta-0.5224\cos^4\theta \qquad (8.53)$$

$$C_{is}=0.91 \qquad (8.54)$$

　　玻璃中的吸收太阳辐射、透过太阳辐射的总和太阳辐射热摄取时，可用太阳辐射摄取率及太阳辐射遮蔽率表示。太阳辐射摄取率为 $\eta[-]$。

$$\eta = \tau_T + B_G \tag{8.55}$$

*3 g 也作为太阳热摄取率使用。符号 g 在 ISO 标准中使用，也称作 g-actor。在 ASHRAE 中被称作 SHGC（solar heat gain coeicient）。

η 也分为直接成分与天空成分，所以就需像公式（8.45）、公式（8.48）那样用脚码加以区别 *3。对于直接成分与天空成分如果使用 C_{id}，C_{is}，其公式为

$$\eta = (\tau_T + B_G) C_{id} + (\tau_T + B_G) C_{is} \tag{8.56}$$

对于标准玻璃的太阳辐射率摄取率和窗户的太阳热摄取率之比叫作太阳辐射遮蔽系数 SC（shading coefficient），经常被用于热负荷计算。标准玻璃采用 3mm 透明玻璃。

$$SC = \frac{\eta}{\eta_o} = \frac{\tau_T + B_G}{(\tau_T + B_G)_o} \tag{8.57}$$

【例题 8.5】 对南面玻璃窗的热损耗、热摄取进行计算。已知：玻璃窗是表（8.5）（b），$K = 2.1\,\text{W}/(\text{m}^2 \cdot \text{K})$，$\tau_T = 0.47$，$B_G = 0.139$，面积为 2.8m^2。假设为冬季晴天，室温 20℃，气象条件为外气温 5℃，玻璃面入射的太阳辐射 $I_{Gd} = 850\text{W}/\text{m}^2$、$I_{Gd} = 850\text{W}/\text{m}^2$、$I_{GS} = 70\text{W}/\text{m}^2$、夜间辐射 $RN = 120\text{W}/\text{m}^2$。玻璃面的太阳入射角为 35°，外表面热传递率 a_o 为 $25\text{W}/(\text{m}^2 \cdot \text{K})$。

［解］ 用公式（8.40）可以得出：

$$\theta_{oe} = 5 - (0.5 \times 0.9 \times 120)/25 = 5 - 2.16 = 2.84 \; [℃]$$
$$q_o = 2.1 \times (2.84 - 20) = -40.2 \; [\text{W/m}^2]$$

如果 $\cos(35°) = 0.819$，根据公式（8.53）可以得出 $C_{id} = 0.992$。另外，当 $C_{is} = 0.91$ 时可以得出：

$$q_{sa} = C_{id} \times 0.139 \times 850 + C_{is} \times 0.139 \times 70 = 117.2 + 8.6 = 126.1 \; [\text{W/m}^2]$$
$$q_{st} = C_{id} \times 0.47 \times 850 + C_{is} \times 0.47 \times 70 = 396.3 + 30.0 = 426.3 \; [\text{W/m}^2]$$

这样，传热造成的损失热量即为 40W/m^2，太阳辐射热摄取中的吸收太阳辐射 126W/m^2、透过太阳辐射 426W/m^2，太阳辐射热摄取总计为 $126 + 426 = 552\text{W/m}^2$。按照这样的气象条件，太阳辐射热摄取流向室外的热损耗会大幅度提高。若要将上述内容表现为整个窗户的热收支，可用公式（8.36）求解如下：

$$H_G = A_G (q_o + q_{sa} + q_{st}) = 2.8(-40 + 126 + 426) = 2.8 \times 512 = 1434 \; [\text{W}]$$

8.5 太阳辐射的遮蔽

8.5.1 阳光的遮蔽

通过遮蔽阳光在窗户及墙面处形成阴影的方法已被广泛应用。直接太阳辐射会因季节、方位的不同而有所变化，所以在遮蔽阳光时应对直接太阳辐射的特性加以考虑。遮蔽阳光的种类很多，正如图 8.7 中所示屋檐及雨篷大致可分为在窗

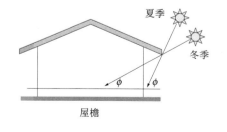

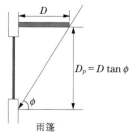

（a）利用屋檐及雨篷调整日照   （b）利用窗面遮阳调整日照

图 8.7 阳光遮蔽的分类

图 8.8 各种各样的遮阳方式

（a）知览（鹿儿岛县）的民居雨篷，（b）膜结构的双重屋顶（艾尔斯巨石，澳大利亚土著语称"乌鲁鲁巨石"，澳大利亚），（c）屋顶遮阳板（联合国教科文组织总部，巴黎），（d）遮阳棚、调节板，（e）室外百叶窗

户上部水平挑出以及在窗户正面垂直安装等形式。其中 ϕ 为太阳高度角，可用公式（8.58）表示。 [*4] h, A, W_A 参见第 3 章。

$$\tan \phi = \frac{\tan h}{\cos (A - W_A)} \qquad (8.58)^{*4}$$

后者是一般大多都采用的活动式遮阳方式。是指不需要遮阳时，为确保眺望及采光可以随时开闭。图 8.8 表示的是遮阳的各种方式。

8.5.2 雨篷的遮阳效果

图 8.9 表示阳光照射在雨篷上所形成的阴影。雨篷的形状以及从窗面看到的太阳位置都会使阳光照射在建筑物上所形成的阴影形状有所不同，将其进行分类后如图 8.10 所示。通过对太阳辐射热摄取的计算，求出窗面的日影面积比率，而且阳光照射在建筑物上所形成的阴影部分将会使由整个窗户照射到室内的直接太阳辐射量减少。如果日影面积率为 F_{SDW}，那么考虑到阴影因素时入射玻璃窗的直接太阳辐射量就用下述公式表示：

$$I_{Gdsdw} = (1 - F_{sdw}) I_{Gd} \qquad (8.59)$$

公式中的 I_{Gdsdw} 是指考虑到阴影因素时入射玻璃窗的直接太阳辐射量 $[W/m^2]$。装有雨篷窗面中的阴影形状可像图 8.10 所示进行分类，所以若分别求出 D_{HA}、D_{HB}、D_{WA}、D_{WB} 的状态，窗面的阴影面积就可以用公式（8.60）进行计算。

$$A_{sdw} = D_{WA} D_{HA} + 0.5 (D_{WA} + D_{WB}) (D_{HB} - D_{HA}) \qquad (8.60)$$

这些求解的计算过程如图 8.11 所示。即使在计算过程中不使用这种方法，也能对按图 8.10 中分类的阴影面积进行计算。不过，图 8.9 中的 D_A、D_P 则用下述公式计算（参见第 3 章）。

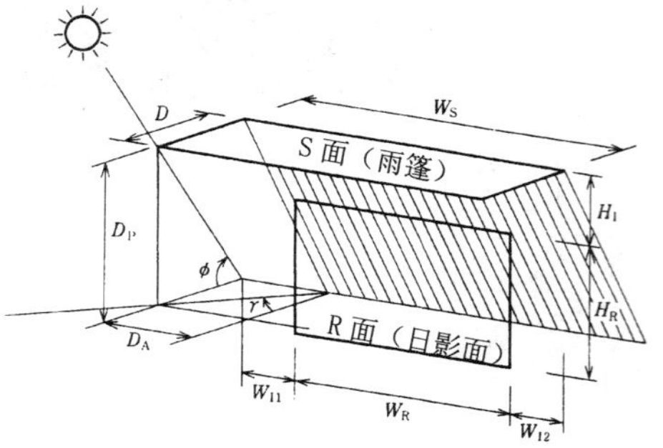

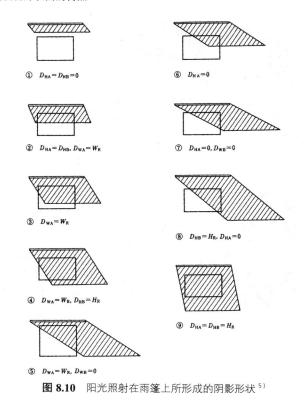

图 8.10 阳光照射在雨篷上所形成的阴影形状[5]

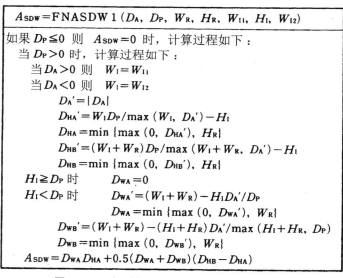

图 8.9 对阳光照射在雨篷上所形成阴影的计算[5]

$$A_{SDW} = FNASDW1(D_A, D_P, W_R, H_R, W_{I1}, H_I, W_{I2})$$

如果 $D_P \leqq 0$ 则 $A_{SDW} = 0$ 时，计算过程如下：
　当 $D_P > 0$ 时，计算过程如下：
　　当 $D_A > 0$ 则 $W_I = W_{I1}$
　　当 $D_A < 0$ 则 $W_I = W_{I2}$
　　　　$D_A' = |D_A|$
　　　　$D_{HA}' = W_I D_P / \max(W_I, D_A') - H_I$
　　　　$D_{HA} = \min\{\max(0, D_{HA}'), H_R\}$
　　　　$D_{HB}' = (W_I + W_R) D_P / \max(W_I + W_R, D_A') - H_I$
　　　　$D_{HB} = \min\{\max(0, D_{HB}'), H_R\}$
　$H_I \geqq D_P$ 时　　　$D_{WA} = 0$
　$H_I < D_P$ 时　　　$D_{WA}' = (W_I + W_R) - H_I D_A' / D_P$
　　　　　　　　$D_{WA} = \min\{\max(0, D_{WA}'), W_R\}$
　　　　$D_{WB}' = (W_I + W_R) - (H_I + H_R) D_A' / \max(H_I + H_R, D_P)$
　　　　$D_{WB} = \min\{\max(0, D_{WB}'), W_R\}$
　　　　$A_{SDW} = D_{WA} D_{HA} + 0.5(D_{WA} + D_{WB})(D_{HB} - D_{HA})$

图 8.11 阳光照射在雨篷上所形成阴影的计算过程

$$D_A = D \cos(A - W_A) \tag{8.61}$$

$$D_P = D \tan \phi = D \frac{\tan h}{\cos(A - W_A)} \tag{8.62}$$

COLUMN 可减轻空调负荷和缓解热岛效应的隔热节能屋顶

照射到屋顶的太阳辐射热可使室内温度提高，但如果能够将大部分太阳辐射热反射出去的话，不仅可以减缓室温的上升，夏季还可以减轻空调的负荷（但值得注意的是，一旦提高屋顶的太阳辐射反射率，冬季供暖的负荷就会增大）。最近，市场上开始销售太阳辐射率高的涂料（称作"高反射率涂料"）及防水卷材，通过这些材料有可能提高屋顶的太阳辐射反射率。图8.12中表示的就是高反射率涂料的光谱反射率案例。太阳辐射具有可见光域约50%及近红外域约40%的能源。即使是全黑的涂料，如果近红外域的太阳辐射能可以得到有效的反射，那么太阳反射率就会达到40%以上。从图8.12中可以看到，与普通涂料相比，高反射率涂料的近红外域反射率要高。

这种太阳辐射反射率高的屋顶被称作"隔热节能屋顶"。[18] 隔热节能屋顶的概念图如图8.13所示。隔热节能屋顶不仅可以使建筑物的屋顶降温，而且也有可能使城市变得凉爽。也就是说，如果构成城市地表一部分的建筑物屋顶的太阳辐射反射率高，入射到城市的许多太阳辐射向天空反射，并有望使热岛效应得到缓解。[19]

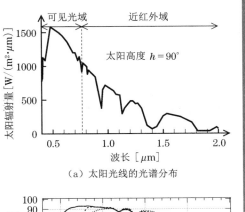

（a）太阳光线的光谱分布

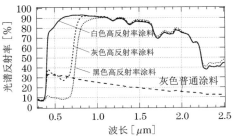

（b）高反射率涂料的光谱反射率

图8.12 高反射率涂料的光谱反射特性例

（a）通常的屋顶

（b）隔热节能屋顶

图8.13 隔热节能屋顶概念图

◇ **练习题**

8.1 对屋顶涂刷高反射率涂料时的效果进行研究。已知：屋顶为2mm铁板，内侧为2cm的隔热材料。屋顶为平屋顶，高反射率涂料的太阳辐射吸收率为0.3。

（1）当室外气温30℃、水平面全天太阳辐射量800W/m² 时，等效外气温应为多少？

（2）计算屋顶的传热系数。

（3）当室温为28℃时，由屋顶摄取的热量及屋顶室内侧表面温度应为多少？

（4）对屋顶表面的太阳辐射吸收率为0.8时的摄取热量、表面温度进行计算，并与（3）进行比较。

8.2 当室外温度为8℃、室温为20℃时，图8.3中墙体的传热系数及室内表面温度应为多少？

（1）未设隔热材料时。

（2）隔热材料的厚度增加时。

8.3 参考表8.4、8.5中所示方法，对复层玻璃的热性能进行研究。

（1）当中空层为真空时，传热系数便会变小。中空层为真空时的传热系数应为多少？

（2）计算低辐射率玻璃表面的放射率为 0.05 时的传热系数应为多少？

（3）根据（1）、（2）的条件对吸收太阳辐射摄取率 B_G、太阳辐射摄取率 η 进行计算。双层中空玻璃室内一侧玻璃的中空层表面采用了低辐射率涂层 ［表 8.5（b）］。

8.4 关于窗户的隔热性能，请回答以下问题：

（1）日式房间的玻璃窗室内侧装有糊纸隔扇拉门时，隔扇拉门的隔热效果如何？并对玻璃窗的单层玻璃、复层玻璃的传热系数进行计算、研究（重点：玻璃窗与（日式房屋为采光在木框上糊纸的）拉门之间的空气层传热阻为 $0.1 \mathrm{m}^2 \cdot \mathrm{K/W}$ 时，传热系数是多少？）

（2）对窗帘的隔热效果进行研究。

■ **参考文献**

1) 浦野良美・中村　洋編：建築環境工学，森北出版，1996.

2) 田中俊六・武田　仁ほか：最新建築環境工学（改訂3版），井上書院，2006.

3) 木村建一：新訂建築士技術全書2環境工学，彰国社，1988.

4) 木村建一：建築設備基礎理論演習（新訂第2版），学献社，1995.

5) 宇田川光弘：パソコンによる空気調和計算法，オーム社，1986.

6) 空気調和・衛生工学会編：空気調和・衛生工学便覧（第13版），空気調和・衛生工学会，2001.

7) *ASHRAE Handbook Fundamentals 2005*, ASHRAE, 2005.

8) 木村建一：*Scientific Basis of Air Conditioning*, Elsevier, 1977.

9) ISO 6946：Building components and building elements—Thermal resistance and thermal transmittance—Calculation method.

10) ISO 10077-1：Thermal performance of windows, doors and shutters—Calculation of thermal transmittance—Part 1：Simplified method.

11) ISO 10077-2：Thermal performance of windows, doors and shutters—Calculation of thermal transmittance—Part 2：Numerical method for frames.

12) ISO 15099：Thermal performance of windows, doors and shading devices—Detailed calculations.

13) JIS A 2101：2002：建築構成要素及び建築部位—熱抵抗及び熱貫流率—計算方法

14) 住宅の次世代省エネルギー基準と指針（第2版），建築環境省エネルギー機構，2000.

15) 井上宇市編：空気調和ハンドブック（改訂5版），丸善，2008.

16) 田中俊六・宇田川光弘ほか：最新建築設備工学，井上書院，2002.

17) 藤本哲夫・岡田朋和・近藤靖史：高反射率塗料の日射反射性能に関する研究，日本建築学会環境系論文集，**601**，pp. 35-41，2006.

18) Akbari, H. 著，近藤靖史・入交麻衣子訳：クールルーフによる省エネルギー，空気調和・衛生工学，**73**-8，pp.55-61，1999.

19) 近藤靖史・小笠原岳ほか：建物屋根面の日射反射性能向上によるヒートアイランド緩和効果，日本建築学会環境系論文集，**629**，pp.923-929，2008.

9. 热传导模拟

到目前为止，我们对温度及热流不随时间变化这种稳态下的温度及热流进行了论述。对于物体及房间的冷暖变化是否与时间因子有关并未加以考虑。但实际上，室外气温的变动以及间歇工作的冷暖房会使温度及热流不断发生变化。本章在对这种非稳态的热运动加以考虑的同时，还将通过计算机数值模拟对温度及热流的时间变化进行计算的方法加以论述。

9.1 非稳态热传导

9.1.1 热容量与室温变动

当处于非稳态（unsteady state）时，建筑构件的热容量（heat capacity）室温变化的状态会有所不同（图9.1）。正如后面将要论述的那样，热容量是一定量的物质在一定条件下，单位温度变化（温度升高或降低1℃）所吸收或放出的必要热量。热容量大的房间，停暖后的温度下降小，温度变化缓慢。早上开始供暖后直至达到所设定的温度，是需要花费一定的时间的。也就是说其特点是：当热容量大时，温度的上升或下降都十分缓慢。

9.1.2 建筑构件的热容量

如图9.1所示，带来室温变化不同的室内热容量是由各个建筑构件的比热与质量及放置方式（表面积等）决定的。卷末的附表1列出了各种材料的密度[kg/m³]、比热[kJ/（kg•K）]、容积比热[kJ/（m³•K）]。从比热单位中就可以得知，比热是指单位质量的某种物质内部温度均衡升高或降低1K时所吸收或放出的热量。另外，容积比热是每单位体积物质温度升高1K时所需吸收的热量，是比热与密度的乘积。热容量是整个物质的温度上升时吸收的热量，单位为[J/K]。

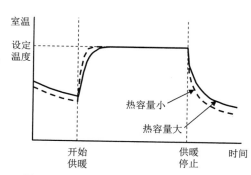

图 9.1 房间的热容量大小对室温变化的影响

一般，即使材料不同，但比热的规律是相同的，密度越大的材料，容积比热就越大。因此，建筑构件的质量（密度 × 体积）越大的材料，热容量（容积比热 × 体积）也就越大。简单的说就是越"重"的构件，热容量就越大。

9.1.3 室温变化率

为对热容量及隔热性（总传热系数[*1]）的不同会影响到室温的变化进行研究，就需按图9.2中所示的那样，以四面均为外墙的建筑物为例做一说明。但是为了便于计算，将左图中的热容量置换到假设仅室内存在热容量的右图中。

[*1] 地面面积与热损失系数的乘积就是"总传热系数"，所以当内外温度差为1K时就会流入室内或从室内流出，是传热及换气产生的热移动之和，单位为[W/K]。

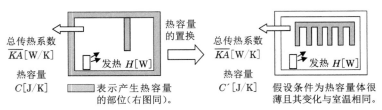

图9.2　单纯化的室温计算模式

被置换的热容量 C' 的设定方法有多种，但原来的热容量 C 还存在于建筑的外表面，而且当墙体内部的平均温度近似于室外气温与室温的平均值时，那么随着室温的变化实质上可利用的热容量 $C'=C/2$。但这种假设即使没有问题，通过合适的置换，就可以设定 C' 进行计算。

对于进行热容量置换的模型室（含热容量体），一般将外气温度设定为 $0[℃]$ 时，所生成的热收支公式如下：

$$Hdt = \overline{KA}\,\theta_r dt + C'd\theta_r \quad [\text{J}] \tag{9.1}$$

其中，dt：微小时间 $[\text{s}]$，θ_r：室温（= 热容量体温度）$[℃]$，$d\theta_r$：微小时间室温上升 $[\text{K}]$。将公式（9.1）变形即为

$$\frac{\overline{KA}}{C'}dt = \frac{d\theta_r}{(H/\overline{KA}) - \theta_r} \tag{9.2}$$

将该公式积分，得出下列公式（$t=0\text{s}$，$\theta_r=0℃$）：

$$\theta_r = \frac{H}{KA}(1 - e^{-(\overline{KA}/C')t}) \tag{9.3}$$

在公式（9.3）中，当条件为 $t \to \infty$ 时的稳态时的热传导公式，与 $H=\overline{KA}\theta_r$ 一致，热容量的影响消失。另外，下述公式

$$\delta = \overline{KA}/C' \quad [1/\text{s}] \tag{9.4}$$

是与室温变化有关的数值，称为"室温变化率"。

在图9.3中，以图形将 δ 的大小带来的温度变化的不同表现出来。当 δ 大时，供暖上升快，停暖后温度的下降也快，可以评为易热易冷的建筑物。但并不是仅由热容量的大小就能定为易热、易冷的建筑物。根据室温变化率的定义式（9.4），热容量为2倍时产生的影响与总传热系数为1/2所产生的影响等价。

到目前为止的计算都是按照像图9.2所示的那种简单的模式，实际上仅通过室温的变化率并不能表示室温发生很大的变化。不过在一般情况下，决定室温变化大小的主要因素是房间的隔热性和热容量。

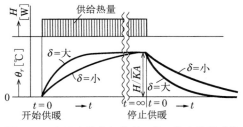

图9.3　室温变化率与供暖开始·停止供暖后的室温变化[1]

9.2 一维热传导模拟

9.2.1 热传导方程式（heat conduction equation）

正如上节所看到的，为了对材料热容量的每一刻温度变化进行定量分析，可以利用计算机进行数值计算。下面我们以简单的例题为例，对固体中的热传导的模拟方法做一说明。

作为对象的构件，拟采用构件在厚度方面的纵、横尺寸都非常大的板材，而两侧的临界温度及构件的特性在平面上是均一的。这时的热传递即被称作"一维热传导"，是热流垂直贯穿板材的方向，而且热流在平面上的所有部位都是均一的（图9.4）。

在一维热传导中，如果将坐标轴看做是一维的，就可以完全的记述温度及热流的状态。这时，当将板材的厚度方向设为 x 轴，那么位于深度 x 的温度变化就可用下面的一维热传导方程式表示：

$$\rho c \frac{\partial \theta}{\partial t} = \lambda \frac{\partial^2 \theta}{\partial x^2} \qquad (9.5)$$

公式中的 θ 表示温度 [℃]，t 表示时间 [s]，ρ 表示密度 [kg/m³]，c 表示比热 [J/kg・K]，λ 表示导热系数 [W/（m・K）]。

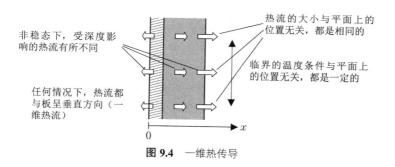

图 9.4 一维热传导

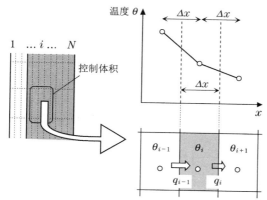

图 9.5 控制体积（control volume）与热收支
控制体积的进深、高度为1m。

对于这个偏微分方程式，如果像图 9.5 所示的那样，将固体按 N 等分分割的 1 片（控制体积）看成是热的流入流出就非常容易理解了。

如果将图 9.5 中箭头的朝向设为正数，流入流出控制体积 i 的热流 $[\mathrm{W/m^2}]$ 公式即为

$$q_{i-1} = -\lambda \frac{\theta_i - \theta_{i-1}}{\Delta x} \tag{9.6}$$

$$q_i = -\lambda \frac{\theta_{i+1} - \theta_i}{\Delta x} \tag{9.7}$$

实际流入控制体积内的热流 $q_{i-1} - q_i$ 通过 $\Delta t[\mathrm{s}]$ 的持续流动，其温度 $\delta\theta_i[\mathrm{K}]$ 上升，就形成下述公式：

$$\rho c \Delta x \delta\theta_i = \Delta t(q_{i-1} - q_i) = -\Delta t\lambda \left(\frac{\theta_i - \theta_{i-1}}{\Delta x} - \frac{\theta_{i+1} - \theta_i}{\Delta x} \right) = \Delta t\lambda \left(\frac{\Delta \theta_i}{\Delta x} - \frac{\Delta \theta_{i-1}}{\Delta x} \right) \tag{9.8}$$

式中，$\Delta \theta_{i-1} = \theta_i - \theta_{i-1}$，$\Delta \theta_i = \theta_{i+1} - \theta_i$。公式中右式表示的实际流入量 $[\mathrm{J/m^2}]$ 与左式表示的存入控制体积内的热量 $[\mathrm{J/m^2}]$ 相等。用 $\Delta x \cdot \Delta t$ 除公式（9.8）中的左右式后，当 Δx 及 Δt 接近于 0 时就可以得到热传导方程式（9.5）（可以将 Δ 或 δ 置换为 ∂）。

另外，在公式（9.6）、公式（9.7）中，当 $\Delta x \rightarrow 0$ 时，就可以得到下述公式：

$$q = -\lambda \frac{\partial \theta}{\partial x} \tag{9.9}$$

该公式与第 7 章导入的公式（7.1）中材料厚度 d 接近于 0 相一致，是傅里叶定律更为普及化的表现。即使材料的导热系数不均一，或者即使产生不是稳态的过渡的温度变化，公式（9.9）在一维热传导中的任意时点、任意场所都是成立的。

9.2.2 热传导模拟

体现一维热传导的方程式如公式（9.5）所示，用计算机对该方程式进行数值（近似）计算时，可以从前面所示的控制体积的热收支式导入计算式。

将公式（9.8）进行整理后，即为公式（9.10）。

$$\delta\theta_i = \frac{\Delta t\lambda}{\rho c(\Delta x)^2}(\theta_{i-1} - 2\theta_i + \theta_{i+1}) = p(\theta_{i-1} - 2\theta_i + \theta_{i+1}) \tag{9.10}$$

但是，$\rho = \Delta t\lambda/\rho c(\Delta x)^2$。公式中的 $\delta\theta_i$ 是时间 $\Delta t[\mathrm{s}]$ 之间的温度变化，所以当将时刻 n 的温度表示为 $\theta(n)$，即为 $\delta\theta_i = Q_i(n) - \theta_i(n-1)$。式中的时刻 $n-1$ 表示从时刻追溯到 $\Delta t[\mathrm{s}]$ 的时点。另外，公式（9.10）中右式的各温度采用时刻 $n-1$ 中的值，公式（9.10）就为公式（9.11）：

$$\begin{aligned}\theta_i(n) &= \theta_i(n-1) + p \cdot (\theta_{i-1}(n-1) - 2\theta_i(n-1) + \theta_{i+1}(n-1)) \\ &= p \cdot \theta_{i-1}(n-1) + (1-2p)\theta_i(n-1) + p \cdot \theta_{i+1}(n-1)\end{aligned} \tag{9.11}$$

如果知道时刻 $n-1$ 中各部位的温度，就可以得出时刻 n 中控制体积 i 的阵点温度。将该验算用于 $i=2$、3、$\cdots$、$N-1$，并通过对各必要时刻的反复计算，即可计算出各部位温度的时间变化。

9.2.3 临界条件

在解微分方程式时，临界条件（boundary condition）是必不可少的。在进

行热传导模拟时，也需要设定空间·时间的临界条件。时间通常是所设定的初始时刻（时刻为 0）的各部位（$i=1$，2，…，N）温度。空间则需通过整个临界（这里的例题为墙体两侧表面）条件，即

① 温度临界条件；

② 热流临界条件；

③ 传热临界条件。

的相关条件来设定临界条件。②的热流临界条件是设定条件中的热流 [W/m²]，所以通常热流 =0 的热流临界条件被称为"隔热临界"。③的传热临界条件是将室温或室外气温（准确地说是环境温度）作为设定条件时的临界条件，通过第 7 章中所论述的传热系数即与室温·室外气温形成一定的关联。符合上述①～③中的任何一种条件，一般都会使临界条件时时发生变化。

```
C---+----1----+----2----+----3----+----4----+----5----+----6----+----7--
      REAL T_OLD(100)
      REAL T_NEW(100)

    ！物理参数·参数的设定
      ALMD = 1.4      ！ 导热系数 [W/(m·K)]
      RHO  = 2200.0   ！ 密度 [kg/m³]
      C    = 890.0    ！ 比热 [J/kg·K]
      D    = 0.3      ！ 材料厚度 [m]
      N    = 60       ！ 阵点分割数
      DT   = 5.0      ！ 计算时间间隔 [s]
      ITVL = 36       ！ 集散结果输出间隔 [-]：多少级输出 1 次
      TC   = 43200.0  ！ 计算时间 [s]（12[h]）
      DX   = D/N      ！ 控制体积宽度 [m]
      P    = ALMD*DT/(RHO*C*DX*DX)     ！ 同公式（9.10）中的 P
      M    = NINT(TC/DT)  ！ 计算次数

    ！初始条件
      DO 100 I = 1, N
         T_OLD(I) = 0.0  ！ 初始温度 =0[℃ ]
  100 CONTINUE
      WRITE(6,'(61F6.3)') 0.0, (T_OLD(I), I = 1, N)
                           ！ 初始时刻（t=0）与各部位温度的输出

    ！时间循环
      DO 200 J = 1, M
         DO 210 I = 2, N-1
            T_NEW(I) = P*T_OLD(I-1) + (1.0-2.0*P)*T_OLD(I)
     -                + P*T_OLD(I+1)
  210    CONTINUE
         T_NEW(1) = 1.0  ！ 一侧的表面温度一般为 1[℃ ]
         T_NEW(N) = 1.0  ！ 另一侧的表面温度也为 1[℃ ]
         IF( MOD(J, ITVL).EQ.0 ) THEN   ！ ITVL ステップごとに出力する
            WRITE(6,'(61F6.3)') J*DT/3600.0, (T_NEW(I), I=1, N)
                           ！ 时刻 [h] 与各部位温度的输出
         END IF
         DO 220 I = 1, N
            T_OLD(I) = T_NEW(I)
  220    CONTINUE
  200 CONTINUE

      STOP
      END
```

图 9.6 一维热传导计算的 Fortran 源码（source code）

这里所表示的源码基本上是根据 FORTRAN77 的文法，并使用符号"！"，"！"后面的文字是对该行内容的注释。

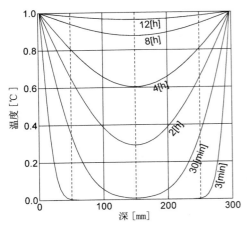

图 9.7 计算结果（墙体内温度随时间发生变化的分布状况）

9.2.4 以例题为例的程序示例

这里对墙体的规格进行了具体的规定，并列出了墙体内部温度变化的计算过程。墙体由单一材料混凝土 300mm 构成，当时间 $t \leqslant$ 0s 时各部位即为 θ =0℃，$t >$ 0s 时两侧的表面温度一般均为 1℃。表示在此条件下，混凝土内部的温度分布经过 43200s（12h）后按计算时间间隔 5s 进行计算，并按每 36 级（5×36=180s）将各部位温度向外输出的过程。

图 9.6 表示 Fortran 产生的过程源码。首先对材料的物理参数及计算时间等设定参数。之后在保存的各控制体积的温度变数 T_OLD 中对初始温度（=0［℃］）进行调整。最后按时间间隔 5s 对公式（9.11）进行反复的计算。在该过程中，使用所保存的各部位温度变数 T_OLD、T_NEW。T_OLD 相当于公式（9.11）中的 θ（n-1），而 T_NEW 则相当于 θ（n）。

在时间循环的最后，因可将最新的温度看作是 1 阶段前的温度，所以将 T_NEW 的值代入 T_OLD 后便移入下一阶段。

图 9.7 表示计算结果。图中墙体的中心断面（深 150mm 中的断面）是对称的计算条件，所以各时刻的温度分布也是左右对称的。在这种情况下，本来对于对称轴可以解释为只占一半的领域，这时可在对称轴的位置中设定隔热临界（条件为：热流为 0）。

9.2.5 阳解法与阴解法

从公式（9.10）导入公式（9.11）时，公式（9.10）右式的各温度采用的是时刻 n-1 中的值，这种方法被称作阳解法（explicit method）。相反，公式（9.10）右式的各温度采用时刻 n 中的值时就称作阴解法（implicit method）。即可用公式（9.12）代替公式（9.11）：

$$\theta_i(n) = \theta_i(n-1) + p \cdot (\theta_{i-1}(n) - 2\theta_i(n) + \theta_{i+1}(n)) \quad (9.12)$$

在阴解法中，公式（9.12）中的右式包含欲由此求出的 n 时的温度，所以就不能像阳解法那样直接求解。其中，θ_2（n），θ_3（n），…，θ_{n-1}（n）为未知数，需对公式（9.12）按 i=2,3,…,N-1 联立的方程式求解（这里与图 9.6 相同，θ_1（n）、θ_N（n）作为温度临界条件赋予数值）。

采用阳解法时不需要建立联立方程式，而需将计算时间间隔 Δt 减至很小。Δt 的目标由稳定条件导出。亦即从公式（9.11）右式的系数 θ_i（n-1）、（1-2p）为正的条件得出下式：

$$\Delta t < \frac{\rho c (\Delta x)^2}{2\lambda} \quad (9.13)$$

如果不能满足这一条件，θ_i（n-1）的系数便是负数，也就是说表示前一时刻的温度越高，现在的温度就越低这一非现实的状态。实际上可以选择比从上述稳定条件导入的 Δt 更为安全的极短的时间间隔。

9.3　热传导模拟的应用

热传导计算也被用于冷暖房的负荷及室内温热环境的预测。这里以预测室内环境为例，对混凝土外墙的内隔热与外隔热比较的结果做一说明。

所谓内隔热就是在混凝土墙的室内侧采用隔热材料，而外隔热则是在混凝土墙的室外侧采用隔热材料。作为计算对象，可以采用像图 9.8 中所示的 4 面墙均为外墙的一室。而且假设上下相接的房间均为同一规格的房间，且室温的变动与模拟对象房间相同。另外，楼板地面·顶棚为无隔热的混凝土。

按这种计算模型，对 4 面外墙与楼板地面·顶棚的各面墙体进行计算。这时的临界条件就是室内外的温度，但室温并不是固定不变的，而是通过各个墙体从室内流入或流出的热流而发生变化的，所以不能单独对各墙体进行计算。此外，还应考虑到通过窗户进入室内的太阳辐射的影响等因素。正如第 10 章中所述，

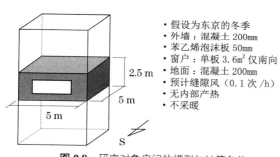

· 假设为东京的冬季
· 外墙：混凝土 200mm
　苯乙烯泡沫板 50mm
· 窗户：单板 3.6m² 仅南向
· 地面：混凝土 200mm
· 预计缝隙风（0.1 次 /h）
· 无内部产热
· 不采暖

图 9.8　研究对象房间的模型与计算条件

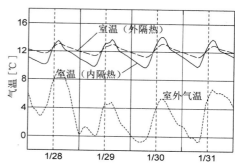

图 9.9　对与室温有关的内隔热与外隔热所进行的比较

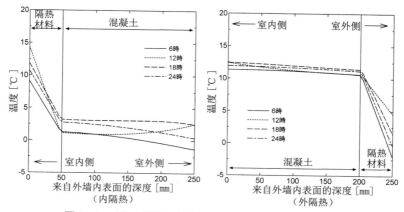

图 9.10　对墙体断面温度分布造成的内隔热与外隔热的比较

在计算室温时应将进出室内的所有的热流考虑在内，只有通过列出它们之间的收支公式才能求解出室温及各部位的热流。

图9.9是对与室温有关的内隔热与外隔热所进行的比较。因没有使用暖气房，所以不能说室温在任何时候都是非常舒适的。但是从1天的变化来看，外隔热的变动要小。正如墙体的断面温度分布（图9.10）中所看到的，混凝土内部的温度在采用内隔热时依赖于室外气温，而在采用外隔热时则依赖于室温。其结果如果是外隔热，那么室温发生变化时，在室内一侧混凝土热容量的作用下就会在房间之间产生吸热和散热，并抑制室温的变化。

◇ 练习题

9.1 按图9.6所示的过程，变更用于一侧的表面温度一般为0℃时计算的源码，并按实施结果绘制相当于图9.7的断面温度分布图。

■ 参考文献

1) 田中俊六・武田　仁ほか：最新建築環境工学（改訂3版），井上書院，2006.

10. 室温与热负荷

室温[*1]除气象条件外，还与隔热性能、热容量等建筑物的保温要求、照明及室内人员等发生的室内产热、冷暖房设备的方式及运转状态等因素密切相关，并随时间而变化。冷暖房设备的运转是为了保持室温设定值。在供暖或供冷时，为保持所设定的室温所必需的热量就是热负荷，加热时称作暖气房负荷，而冷却时则称作冷气房负荷。在对暖气房设备及冷气房设备进行设计时，表示冷暖房设备加热、冷却能力的装置容量所必不可少的决定性因素之一就是热负荷，而且阶段性热负荷及年际热负荷也是计算暖气房、冷气房能源消耗的基础。热负荷计算时的设定室温可以第 4 章中所论述的温热感为基础加以考虑，但可按冷气房 24～28℃、暖气房 20～22℃等条件设定。

室温的时间变化很大，也有按垂直分布、水平分布那样的空间分布。在对室温及热负荷进行计算时比较重视时间变化，一般都将室温设为均一的。对于室温的空间分布，我们在温热感（第 4 章）及本章短评栏（COLUMN）中已经有所接触。当对室温分布特别关注时，可以通过第 16 章中所论述的 CFD 解析的计算做进一步的研究。另外，该章也对室温垂直分布的热负荷计算法做了说明。

[*1]　室温是指室内空气的温度，但也有采用室内表面上的对流·辐射传热以及来自人体感的作用温度、环境温度等概念的。在对墙壁及窗户传热系数进行的计算中，室内一侧的温度就是环境温度（第 8 章）。我们在这里特与作用温度（第 4 章）加以区别，室温只表示室内的空气温度。

10.1　室温与热负荷的基本原理

10.1.1　室内空气的热平衡与室温

室温是通过室外气温及太阳辐射量等气象条件、人体及各种机器设备等室内产热，以及暖气房、冷气房的有无等发生变化的。图 10.1 表示室内各种热摄取、热损失的主要因素。为能理解室温变动，就需要以室内空气的热摄取、热损失、蓄热为对象对室内空气的热收支加以考虑。室温均一时，室内空气的热收支可用公式（10.1）表示：

$$M\frac{d\theta_r}{dt}=\sum_{j=1}^{N}A_j\alpha_{cj}(\theta_{sj}-\theta_r)+H_c+c_a\rho_aQ_{vent}(\theta_o-\theta_r)+HE_s \qquad (10.1)$$

其中，M：室内空气的热容量 [J/K]，θ_r：室温 [℃]，θ_{sj}：室内表面温度 [℃]，θ_o：外气温度 [℃]，A：室内表面积 [m²]，H_c：室内产热的对流成分 [W]，EH_s：房间热负荷（暖气房时为 "+"，冷气房时为 "−" [W]），Q_{vent}：换气量·缝隙风量 [m³/s]，c_a：空气的比热 [J/(Kg·K)]，a_c：室内表面的对流传热系数 [W/(m²·K)]，ρ_c：空气的密度 [m³/kg]，t：时间 [s]，N：室内部位数（表面的数量），脚注 j：室内表面。

公式（10.1）的左式表示室温在 dt 时间内只有 $d\theta_r$ 发生变化时室内空气蓄热产生的热量。对于室内空气的很小

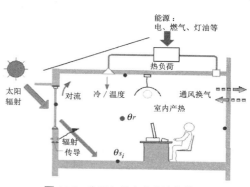

图 10.1　室温与热负荷的计算模式

的热容量 M 值虽可忽略不计，但包括室内家具及书籍等的热容量在内都可作为室内空气的热容量。右式中第 1 项表示由墙、楼板地面、顶棚、窗户等室内各表面向室内空气传递对流热的热流。右式中的第 2 项 H_c 表示照明及室内使用的各种设备所产热能中的对流。室内产热包括对流和辐射。对流可将室内空气直接加热，而辐射则是向室内各个表面传递的辐射热，并不能直接摄取室内空气的热能。因透过窗户照射到室内阳光（透过太阳辐射）也会被楼板地面及室内地面所吸收，所以与在各表面的热收支有一定的关系，但室内空气不会直接加热，透过太阳辐射可使各部位的室内表面温度上升，最后就如右式第 1 项所示通过室内空气进行传递。

公式中右式的第 3 项表示换气及缝隙风产生的热量，当室外气温高于室温时室内空气就会增高（+），而室外气温低时室内温度则会下降（−）。这里公式（10.1）中包括换气的热量，但空调系统中通常都装有利用强制换气导入外气（送入新风）的装置。在这种装有新风送风装置的空调系统中，房间热负荷部分则是将公式（10.1）中的第 3 项作为外气显热负荷另行加以表示的。在这种情况下，公式（10.1）第 3 项只表示伴随缝隙风的热量。

HE_s 表示热负荷，也就是采用暖气房或冷气房时的加热量（暖气房负荷）或冷却量（冷气房负荷）。当采用暖气房或冷气房时 $HE_s=0$。从公式（10.1）中可以得知，满足室内空气热收支的温度就是室温，另外，正如卷末附录 2 中所示，自然室温时，室温与作用温度大致相等。

10.1.2　室温·热负荷模拟

要想用公式（10.1）对实际室温 θ_r 进行计算，就需要知道各部位的表面温度 θ_{si}。而且为了求解 θ_{si}，还需通过采用第 8 章中所论述的根据墙壁及窗户的热损失·热摄取热量等非稳态热传导所列的计算法，才有可能考虑到建筑主体的热容量。当根据模拟求解室温、热负荷时，可以依据带有非稳态热传导的计算法。在公式（10.1）中，可以看到与室外气温及太阳辐射等气象条件，以及室内格局的标准无关，但气象条件及外周部位等通过各部位的热收支被室内表面温度反映出来。所以，应从室内格局中的各部位和室内空气的热收支出发进行综合的考虑并求解。[1] 这一计算过程稍稍有些复杂，还可以用附录 3 中的方法求解。这些结果可以根据公式（10.1）用公式（10.2）来表示室温与热负荷的关系。BR_r 是用附录 3 中所示的方法求出的室内空气的综合热收支公式中与室温有关的系数，Bc 是与外气条件有关的各时间点的常数项，用附录公式（A.7）、（A.8）表示。

$$BR_r\theta_r + c_a\rho_a Q_{vent}(\theta_r - \theta_o) = Bc + H_c + HE_s \qquad (10.2)$$

关于室温的求解，当 $HE_s=0$ 时，可以用公式（10.3）求出室温 θ_r。

$$\theta_r = \frac{1}{BR_r + c_a\rho_a Q_{vent}}(Bc + H_c + c_a\rho_a Q_{vent}) \qquad (10.3)$$

求解热负荷时，在公式（10.2）中将室温设定为：空调的设定室温 $\theta_r = \theta_{rset}$，就可用公式（10.4）求出。

$$HE_s = BR_r\theta_{rest} + c_a\rho_a Q_{vent}(\theta_{rsest} - \theta_o) - Bc - H_c \qquad (10.4)$$

10.1.3 采用手工计算的热负荷计算

目前出现了可供电脑使用的许多模拟软件，这样原本利用专业计算机才能实现的模拟只需一台电脑便可轻松完成。另外，在手工计算便可实现的计算量中，作为传统的方法确立了对冷气房及暖气房负荷进行计算的热负荷计算体系，而且在空调设备设计中主要被用作装置容量的计算。公式（10.5）是采用手工计算的方式对冷气房负荷进行计算的基本公式。[*2]

$$HE_s = -\left[\sum_{j=1}^{Nw} H_{EWj} + \sum_{k=1}^{NG} H_{Gk} + H_k + H_{vent}\right] \qquad (10.5)$$

其中，

$$H_{EWj} = A_j K_j ETD_j$$
$$H_{Gk} = A_{Gk}\{(\eta C_{id} I_{dk} + \eta C_{is} I_{sk}) + K_G(\theta_{oe} - \theta_r)\}$$
$$H_{vent} = c_a \rho_a Q_{vent}(\theta_o - \theta_r)$$

另外，H_R:室内产热量 $[W]$，A:除窗户外的外表面部位面积 $[m^2]$，K:传热系数 $[W \cdot E/m^2 \cdot K]$，ETD:有效温度差 $[℃]$，A_G:玻璃窗面积 $[m^2]$，g_d、g_s:直接太阳辐射、散射太阳辐射的窗户太阳辐射热摄取 $[-]$，I_d、I_s:入射到窗户的直接太阳辐射量、散射太阳辐射量 $[W/m^2]$，脚注 j:除窗户外的外表面部位，k:窗户。

公式（10.5）是根据公式（10.1）的定义将冷气房负荷设为负数、暖气房负荷设为正数，所以在计算时应对符号加以注意。

在计算暖气房负荷时，一般大多都将太阳辐射及室内产热认定为暖气房热源的一种而从室内空气的热收支中去除，而仅将供暖时室温的热损失作为暖气房负荷。这时，暖气房负荷用公式（10.6）进行计算。右式的第 1 项是来自外表面各部位的传热量合计数，第 2 项是换气、缝隙风造成的热损失。

$$HE_s = \sum_{j=1}^{N} A_j K_j(\theta_r - \theta_o) + c_a \rho_a Q_{vent}(\theta_r - \theta_o) \qquad (10.6)$$

10.2 室温与热负荷

10.2.1 住宅中的室温与热负荷在一年当中的变化

通过图 10.2 的样板住宅模拟所得到的室温与热负荷（heat load）如图 10.3、10.4 所示。样板住宅设定了木造、隔热 2 个标准。模拟采用的是 EESLISM[*3]，按 1 年每隔 1 小时——8786 小时进行模拟而得到的结果。图 10.2 表示暖气房、冷气房的设定条件以及与室内产热有关的因素——室内人员、照明•设备产热等的使用设定条件。地点为日本东京，使用的是远程 AMeDAS 年际气象数据系统，即远程气象数据自动采集系统。

11 月～4 月为采暖期，即使采暖期间的室温高于设定采暖室温仍会继续采暖；7 月～9 月为冷气房设定期，在供冷期间室温低于设定室温时就不再开放冷气，而非供冷供暖期的 5、6 月以及 10 月份既不必供暖也不必送冷。图 10.3 表示年际日平均室温及日累计负荷。室温表示起居室的日平均室温，热负荷则表示包括各室在内的整个住宅的日累计热负荷。年际暖冷气房负荷也表现在图中。另外，图 10.3 中还列出了室外气温、自然室温（free loating room air temperature, room air temperature without heationg and cooling）的日平均值。虽有室内产热，但自然室温是指假设全年完全不必供冷暖时的室温。

[*2] 可在窗户的热摄取中加上从窗户照射到室内的透过太阳辐射。正如第 8 章中所论述的，因在公式（10.5）中采用传热系数，所以室温就是作用温度（环境温度）。另外，室内产热并非只是对流成分而是包括辐射成分在内的室内产热的总和。

[*3] EESLISM 是以宇田川为主开发的建筑物热环境能源模拟过程，可从文献（8）的 web 方下载。

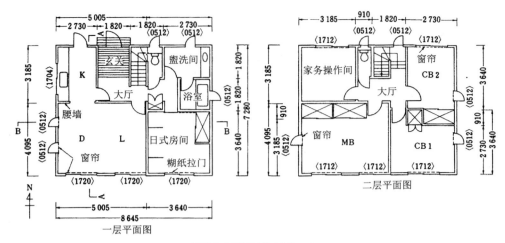

（a）样板住宅平面图[9]（单位 mm）

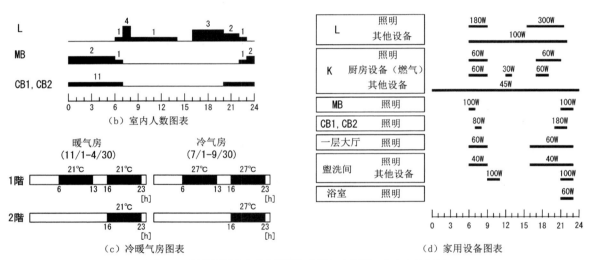

（b）室内人数图表

（c）冷暖气房图表

（d）家用设备图表

图 10.2　计算样板住宅的平面图与冷暖气房图表、室内产热图表

隔热标准 1：外墙 25mm、二层顶棚 50mm、使用单层玻璃窗和窗帘。隔热标准 2：外墙 100mm、二层顶棚 200mm、使用 Low-e 复层玻璃和窗帘。两个标准的换气次数平时都是 0.5 次 /h，但标准 2 的送冷期为 1.5 次 /n。

　　从图 10.3 中可以得知，特别是在供暖期因隔热标准不同，日平均自然室温、日平均室温均有很大的不同，而且日累计暖气房负荷也不一样。日平均自然室温因隔热性能而产生的差异是因为照射到室内的太阳辐射热摄取及室内产热在隔热性能高时就会形成"暖气房"而造成的。当需要供暖时，日平均室温是暖气房设定室温和供暖停止时室温的平均值，所以一般要比开始供暖时的室温低；而冷气开放时，停止送冷后的室温要比冷气开放时的室温高，所以也会比冷气设定值高。日平均自然室温和日平均室温的差，在各个时期的日累计供暖负荷或日累计送冷负荷大致相对应。

　　从隔热效果好的图 10.3（b）中可以得知，采暖期间室温和自然室温的差非常小，且实际的供暖期也很短，因日累计负荷小与实际采暖期短的乘积效果使得暖气房负荷变小。相反在冷气房期间，冷气房负荷及实际的送冷期间几乎看

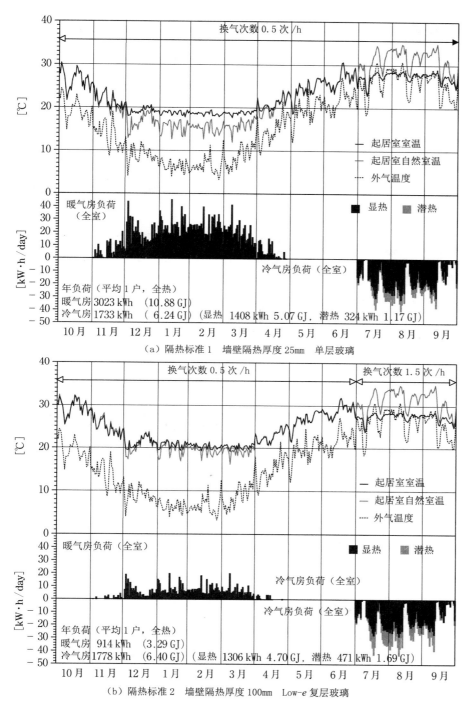

（a）隔热标准1　墙壁隔热厚度25mm　单层玻璃

（b）隔热标准2　墙壁隔热厚度100mm　Low-e复层玻璃

图 10.3　住宅的日平均室温和暖冷气房负荷的年变动（制图：楠崇史）

不到隔热标准所造成的差[*4]。这与室外气温和冷气房期间的室温、自然室温进行的比较也是一样的。与冬季相比室内外温度差小，而在室外气温有时会低于室温的夏季，可以说建筑物隔热性能的不同对日累计冷气房负荷几乎没有什么影响。

[*4]　从图10.3中可以得知，隔热标准1和隔热标准2的冷气房负荷几乎相同，但在标准2中送冷期的换气量多，而且室外气温低于室温时就希望室内能产热。其结果是显热负荷比标准1要小，但潜热负荷就会有所增加。

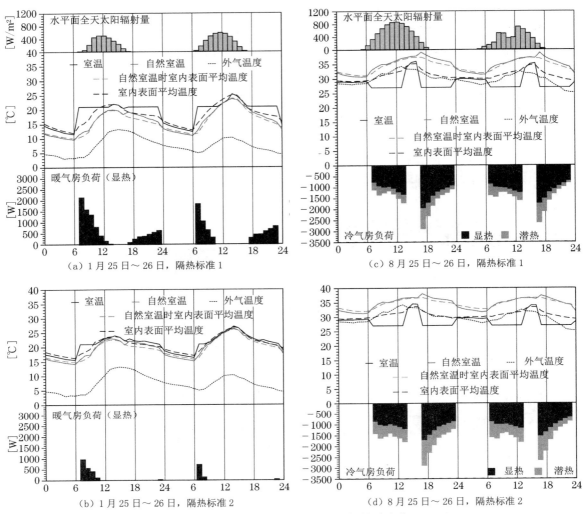

图 10.4　代表性的室内温热环境与冷暖气房负荷
隔热标准 1：墙壁隔热厚度 25mm，单层玻璃［图（a）、（c）］
隔热标准 2：墙壁隔热厚度 200mm，Low-*e* 玻璃［图（b）、（d）］

10.2.2　室温与暖气房的负荷

　　根据图 10.2 的住宅的模拟结果，便可将冬季起居室的室温与暖气房负荷用
图 10.4（a）（b）表示。当加上室温与热负荷后，室内平均表面温度还可在图中
表示。室温与室内平均表面温度的平均值是作用温度，所以就可以知道何为热环
境。从图中可以得知，早上开始采暖时因室内平均气温比室温还要低，所以会感
到很冷，而到了中午因室内表面温度上升就会感到非常暖和。晴天时的白天在透
过太阳辐射及室内产热等被动式暖气房效果的作用下，即使不开暖气室温也会超
过供暖设定值 20℃。正如图（b）所示，当采用隔热标准 2 时，在两天之内即使
是到了夜间，被动式暖气房效果仍会一直持续下去，不需要再进行采暖。另外当
暖气停用时，室温与平均表面温度在自然室温的状态下大致相同。但采暖时室温
要高于平均表面温度 [5]。

　　在隔热效果好的隔热标准 2 中，室内表面温度接近于室温。如果隔热效果好，

那么即使是相同的室温，室内表面温度要比隔热性能差时的室内表面温度高，所以如果是相同的室温，隔热性能好的会感到暖和。或者说要想得到相同的温暖度，也可以采用稍低的室温。这样，建筑物的隔热不但可以有效地减少暖气房的负荷，而且还可以使室内的热环境得到有效的改善。

10.2.3 室温与冷气房的负荷

送冷时，湿度与温度一样，同样也是非常重要的，而且气流的影响也很大。另外，冷却与除湿应同时进行。除湿的负荷被称作潜热负荷。图 10.4 的（c）（d）所表示的是图 10.2 中住宅起居室的室温与冷气房负荷的例子。与采暖时相同可设定为两种隔热规格，但几乎看不到二者的不同。虽然暖气房和冷气房都采用相同的室内空气的热收支公式，公式（10.1）中的暖气负荷为正数，[*6] 冷气房负荷为负数，但在供冷期与供采暖期间，隔热标准的影响是不同的。供冷与供暖相比，即使在白天室内外温度差很小，夜间室外气温比室温还要低。这说明由于墙壁及窗户的隔热效果，利用防止侵入室内热量削减供冷负荷是不可能像供暖时那样有明显效果。但是，太阳辐射及室内产热应当是采暖时受欢迎的热源，可在送冷时则会成为负荷而是应当去除的热源。正如图 10.4 中所看到的，有望实现通过隔热最大限度地降低负荷。

[*6] 如注 [*4] 所示，因换气次数的增加，显热负荷·潜热负荷会发生变化。

10.2.4 湿度与潜热负荷

通常冷气开放时是冷却与除湿同步进行，而且暖气开放时也有进行加湿的。伴随除湿·加湿的热负荷被称为"潜热负荷"（latent load）。图 10.3、图 10.4 中的冷气房负荷是包括显热负荷（sensible heat load）在内的潜热负荷。另外，图 10.3、图 10.4 暖气房负荷的条件是未进行加湿，所以只是显热负荷。如果忽略在室内表面上的吸放湿，室内空气中的潜热收支就可用公式（10.7）表示（第 13 章）。

潜热负荷是伴随换气从室外进入室内的水蒸气，以及室内产生的水蒸气所承载的热能。在下式中，将室内绝对湿度作为设定值，求解潜热负荷。潜热负荷为 0，用公式（10.7）可以求出室内绝对湿度。在公式（10.7）中，潜热负荷将除湿设为负数，加湿设为正数。

$$r\rho_a V \frac{dx_r}{dt} = r\rho_a Q_{vent}(x_o - x_r) + HG_L + HE_L \qquad (10.7)$$

式中，V：室内的实际容积 [m³]，r：水的蒸发潜热 [J/kg]，x_o：室外空气绝对湿度 [Kg/Kg（DA）]，x_r：室内空气绝对湿度 [Kg/Kg（DA）]，HG_L：室内发生的潜热 [W]，HE_L：潜热负荷（除湿 -，加湿 +）[W]。

如果在送冷时间带忽略室内湿度的时间变动，那就可以利用公式（10.8）求出潜热负荷（第 12 章）。

$$HE_L = r\rho Q_{vent}(x_r - x_o) - HG_L \qquad (10.8)$$

图 10.3、10.4 中所示的潜热负荷是将送冷时的室内条件设为 27℃，50% 进行计算的。在实际的空调系统中，通常不控制室内湿度、只是对室温进行控制，但在计算负荷时对于湿度也需要加以设定。显热负荷与潜负荷之和就是全热负荷。

$$HE_T = HE_S + HE_L \qquad (10.9)$$

10.3　写字楼建筑中的空调机负荷

10.3.1　写字楼建筑中的空调系统

　　住宅与非住宅建筑的写字楼、店铺、学校等都被称为建筑物。住宅、非住宅都是建筑物这一点是不会改变的，室温及热负荷的基础理论、基本的热计算方法也是不会变的，但建筑物的用途及规模、管理方法的不同会给室温及热负荷的状况带来很大的影响。所以，在对室内热环境及热性能标准、能源消耗量进行评价等时，一般也要考虑分为住宅与非住宅。下面，就以非住宅建筑——办公室为例，对其室温与热负荷做一说明。

　　如果将办公室的室温、热负荷与独户住宅进行比较，可以考虑以下几点：

①　中、高层的大型建筑多，所以相对于楼面面积（建筑各层面积），外表面积要小，与外墙相接的部分少，通过外墙及窗户等建筑外表面产生的热损失、热摄取也相对小。

②　室内产热的影响大。室内热摄取的照明、办公设备、室内人员等室内产热的比率大。室内产热可使暖气房负荷减轻，但冷气房负荷就会成为主要矛盾。为此，即使是东京的气象条件，因室内产热的影响即便是冬季产生冷气房负荷也并不奇怪。

③　全年空调运行正常。除小型写字楼外，空调全年运转，暖气房、冷气房按照设定的室温自动运转。另外，空调时的室温由空调运转管理人员设定。

10.3.2　空调机负荷

a. 外气负荷与空调机负荷

　　图 10.5 表示写字楼的空调系统。在图 10.5 中的空调系统中，必要换气量的导入是通过空调机完成的。在住宅等小型建筑中，大多都是通过所设置的换气口及换气扇进行换气。这时，伴随换气产生的热负荷应作为房间热负荷的一部分统计在内。相反，用空调机处理伴随换气产生的热负荷时，被称作外气负荷。在外气负荷与房间热负荷中加上空调系统中的风扇产热、来自风道等的热损失、热摄取就是空调机负荷。

　　外气负荷分为公式（10.1）的第 3 项、公式（10.7）的右式第 1 项中所示的显热负荷和潜热负荷。外气显热负荷 H_{OAS}[W] 是用换气量 Q_{OA}[m³/sW] 和室内外温度差计算的,而外气潜热负荷 H_{OAL}[W] 则是用换气量和室内外绝对湿度差计算的。但冷却、除湿为负数。

$$H_{OAS} = c_a \rho_a Q_{OA} (\theta_r - \theta_o) \qquad (10.10)$$

$$H_{OAL} = r \rho_a Q_{OA} (x_r - x_o) \qquad (10.11)$$

其中，C_a：空气的比热 [J/kgK]，θ_r：室温 [℃]，θ_o：室外气温 [℃]，r：水的蒸发潜热 [J/kg]，x_r：室内空气绝对湿度 [kg/Kg（DA）]，x_o：外气绝对湿度 [kg/Kg（DA）]。

　　根据房间热负荷与外气负荷，空调机负荷的显

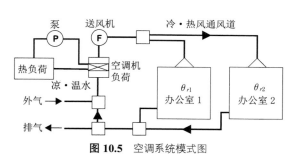

图 10.5　空调系统模式图

COLUMN 暖气房、冷气房与外气负荷

    采暖期的外气负荷：在室内外温差大的冬季，因外气负荷与换气量成比例，所以可以通过减少换气量来削减暖气房的负荷。另外，防止来自挡风门斗及旋转门处的缝隙风也非常重要。在隔热性能好的高隔热建筑中，因来自建筑物外周部位的热损失减少，所以与暖气房的负荷相比，外气负荷的比率相对要大。

    送冷期的外气负荷与外气送冷：在日本的许多地区，送冷期的室内外温差都不像采暖期那么大，所以显热负荷也没有那么大。而且即便是在夏季，也有室外气温低于室温的时间段。室外气温低于室温时，外气的流入也会带来冷气房的效果。因通过外气的导入可以使室内变得凉爽，所以被称为外气冷气房。从热量排出的观点来看，外气冷气房时的外气导入量（流入量）要大大多于确保室内空气质量所必需的最小外气量。

热、潜热大致可用下述公式表示：

$$H_{ACS} = HE_S + H_{OAS} - \Delta H_s \qquad (10.12)$$

$$H_{ACL} = HE_L + H_{OAL} \qquad (10.13)$$

式中，H_{ACS}：空调机显热负荷 [W]，H_{ACL}：空调机潜热负荷 [W]，ΔH_s：来自空调风道、送风机等的热摄取 [W]。

    因空调系统中的控制方法及空调机盘管的特性会使室内湿度发生变化，所以应通过空调系统模拟求出空调机的负荷，房间热负荷与外气负荷之和加上送风机以及风道等的热摄取的总和便是该负荷。

b. 利用热交换器减少外气负荷

    通过对来自排气的热进行回收，可以使外气负荷减少。将排气与送气的热交换热能回收的方式就被称为"热交换换气"。在热交换的换气中，当只回收显热时可使用显热交换器，而显热和潜热都回收时则使用全热交换器。

    在采暖期间，当使用显热交换器时，因室温排气所产生的空气热会使外气温度升高而流入室内。而使用全热交换器时，随着外气温度的升高，室内排气产生的水蒸气就会随着新风的送入而被加湿。

    如果在送冷期时使用全热交换器，通过排气的室内空气就会使送风的外气冷却、除湿。

    当进行热交换的换气时的外气负荷如果采用热交换效率 ε_{EX}[7]，那么显热、潜热可分别用下述公式表示：

[7] 全热交换器的热交换效率中有显热效率、潜热效率、热涵（焓）效率，可以认为这些效率都是相等的。

$$H_{OAS} = \varepsilon_{EX} C_a \rho_a Q_{OA} (\theta_r - \theta_o) \qquad (10.14)$$

$$H_{OAL} = \varepsilon_{EX} r \rho_a Q_{OA} (x_r - x_o) \qquad (10.15)$$

10.3.3 室温·负荷模拟例

    图 10.6 表示进行模拟的中型写字楼建筑的概要。剖面如图 10.6 所示，外表面为南面。这是假想一个进深 6.4m 的南向区域。图 10.7(a)、(b)表示室温、湿度、房间热负荷的 EESLISM 模拟的结果。图（a）表示冬季、图（b）表示夏季，设定室温分别为 22℃、26℃，室内湿度为 50%。

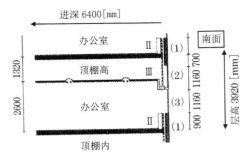

办公室概要：南面长 12.8m，地面面积 12.8m×6.4m=81.92m²
相邻房间条件：按照办公室周围相邻的空间与办公室为相同的温湿度、顶棚
内为 1 室的设定条件进行计算。
外表面部位：(1) 外墙（内装材料 25mm ＋空气层＋外装材料），(2) 外墙（内
装材料 25mm ＋空气层＋反射玻璃外装），(3) 窗户：热线反射
玻璃（单板）、顶棚、地板。
室内产热：照明 20W/m²，设备 10W/m²，人体 0.2 人 W/m²。
外气流入量：25/m³ 人。

图 10.6 写字楼计算模式

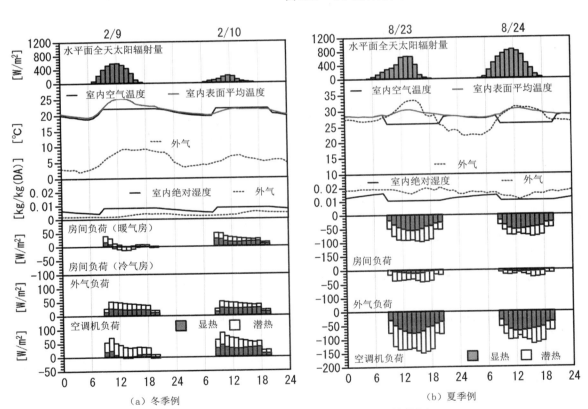

图 10.7 写字楼的室内热环境与热负荷（制图：楠崇史）

设定的室温为室内的空气温度，而且在模拟结果中也表示了室内表面平均温
度。将此作为平均辐射温度就可以对作用温度产生的热环境进行研究。当夜间、
早晨空调关闭时，图中（a）、（b）的室内平均表面温度与室温基本相同。空调开
始运转时，室温虽可达到设定值，但室内热环境并不是恒定的。在图（a）的例
子中，2 月 9 日是晴天，空调开始运转时基本与室温相同，但到了正午从窗户照
射到室内的阳光使室内平均表面温度高于室温，所以室内很热，室内负荷为冷气

房。2 月 10 日是阴天，因日照少所以全天都需供暖，室内平均表面温度要比室温低，而且在空调开始运转时温度差很大，一直到中午才逐渐变小。这一天即使室温都是 22℃，但早上会感到比中午要冷一些。从图（a）中一天的负荷变动来看，早上空调机开始送暖时的负荷大，之后便逐渐减小，因冬季室外气温要低于室温所以外气负荷为暖气房负荷。

图（b）所示为 8 月份的室温、冷气房负荷例。中午室外气温要高于设定的室温，所以需要开放冷气，而且下午室内的平均表面温度会超过 30℃。在这种情况下，因设定的室温是 26℃，所以当室内表面温度为 30℃时，作用温度即为上述两项温度的平均值 28℃。从图中可以看到，冷气房负荷上午到中午时由小逐渐增大，中午到傍晚渐渐减小。送冷期因用于除湿的负荷加大，即便是室内负荷，潜热负荷也要占全热负荷的 30%～40%。外气负荷因室内外温差小，所以显热负荷并不大，而潜热负荷就多。

10.4 建筑物的热性能

10.4.1 住宅的热性能

住宅的节能标准将日本按 I 地域～VI 地域分为 6 个气候区域，规定了热性能标准。住宅的热性能标准只要满足热损失系数、年际暖冷气房负荷的基本值、部位的隔热标准 3 个标准中的 1 个即可。文献（9）中对此进行了详细的论述。表 10.1 列出住宅的热性能标准。

a. 热损失系数 $Q[m^2 \cdot K]$ 的计算（日本住宅省能源标准）

住宅的热损失系数也称作 Q 值。可用下述公式求出：

$$Q = HLC/A_F = (\sum AKH + 0.35nV)/A_F \qquad (10.16)$$

$$HLC = \sum AKH + 0.35nV \quad [W/K] \qquad (10.17)$$

式中，HLC：总传热系数，A：面积 $[m^2]$，K：传热系数 $[W/(m^2 \cdot K)]$，A_F：地面面积 $[m^2]$，n：换气次数 $[$ 次 $/h]$，V：房间容积 $[m^3]$，$H=1$（外墙，窗户，屋顶时），$H=0.7$（双层地板时）。

b. 年际暖冷气房负荷标准值

通过年际暖冷气房负荷模拟可以求出住宅的年际暖冷气房负荷。在供暖、送冷期间，当输入设定室温及室内产热等的标准设定条件与住宅的相关数据后，就

住宅节能标准¹²⁾

表 10.1

地域划分		I	II	III	IV	V	VI
		北海道	东北北部	东北南部 北部	关东 北陆中部 关西 中国 四国 北九州	南九州	冲绳
年际暖冷气房负荷的基本值 $[MJ/m^2]$		390	390	460	460	350	290
热损失系数的基本值 $[W/m^2]$		1.6	1.9	2.4	2.7		3.7
部位的隔热标准例 传热系数 $[W/m^2]$	外墙（木结构）	0.35	0.53				
	开口部位（窗户）	2.33		3.49	4.65		6.51

可以进行年际暖冷气房负荷的模拟。模拟的结果，只要年际暖气房负荷和冷气房负荷的合计数不超过表 10.1 中标准值就可以。

c. 部位的传热系数

可按部位计算传热系数，并将各个数据设定在表 10.1 中的标准值以下。

10.4.2 建筑物的热性能

在除住宅外的其他建筑物中，*PAL*（Perimeter Annual Load）作为表示建筑热性能的指标，是用日本的节能标准加以规定的（表 10.2）。*PAL* 的对象是事务所、商业建筑、宾馆·旅馆、医院、学校、餐馆。*PAL* 的定义基本用下述公式表示。*PAL* 的单位是 $[\mathrm{MJ/m^2}]$。

$$PAL=\frac{室内周围空间的年热负荷 [\mathrm{MJ/\,年}]}{室内周围空间的地面面积 [\mathrm{m^2}]} \qquad (10.18)$$

室内周围空间的年热负荷是冷气房负荷及暖气房负荷的合计数，室内周围空间中除空调系统中的室内周围空间外、墙、窗户外，还包括最上层的屋顶及带有架空层楼板的楼层地面。年负荷为①～③的合计数。

① 通过建筑物外周部位的热量；

② 来自外墙、窗户的太阳辐射热；

③ 室内周围空气产生的热量（来自照明、设备等的室内产热）。

可见，*PAL* 的值与地域、外墙·窗户的热性能、建筑形式、方位、窗户面积比等有关。所以这些地域特点在冷气房负荷、暖气房负荷的总计中没有很多的影响，它们的基本值不分地域都是相同的（表 10.2）。

表 10.2

PAL（概要）[13]

建筑用途	宾馆或旅馆	医院或诊疗所	经营商品销售业的店铺	事务所	学校	餐馆	集会场
标准值 * $[\mathrm{MJ/m^2}]$	420	340	380	300	320	550	550

* 标准值可用规模修正系数修正，并加以适用。

PAL ＜基本值 × 规模修正系数

式中的规模修正系数是针对地面面积的修正系数。

◇ 练习题

10.1 请问，图 10.8 中办公室的冷气房负荷为多少？
假设条件为：墙体为轻体墙，并可以忽略墙壁及地面的热容量影响。办公室位于中间层，只有外墙、窗户朝外，方位为西南面；上下层、相邻区域的室温均相同。虽然可以用公式（10.5）进行计算，但因是轻体墙，所以用等效外气温 θ_e 后 *ETD*= $(\theta_e - \theta_r)$。外墙及窗户的传热系数分别为 0.9W/（m²·K）、6.4W/（m²·K）。另外，外表面传热系数为 a_o=25W/（m²·K）。

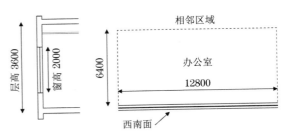

图 10.8 办公室冷气房负荷计算模式（单位 [mm]）

（1）计算该办公室的冷气房负荷（室内热负荷），时间为7月21日14时。气象条件、室内条件如下：气象条件为33℃、60%、绝对湿度0.0186kg/kg（DA）。西南垂直面太阳辐射量：直接辐射400W/m²（入射角61°，C_{id}=0.88），天空辐射60W/m²（C_{is}=0.91）（反射太阳辐射，夜间辐射可以忽略）。室内条件为：空调设定值26℃、50%、绝对湿度0.0105kg/kg（DA）；室内产热为照明20W/m²、设备10W/m²、室内人员0.2人/m²；平均每人的产热量：显热53W/人、潜热64W/人，缝隙风可以忽略。

（2）求解此时的外气负荷。已知：外气导入量为平均每人25m²/h。

（3）求解冬季的室内暖气房负荷以及外气负荷。已知：室内条件为22℃、0.0082kg/kg（DA）、50%；外气条件为2℃、0.0014kg/kg（DA）、换气次数0.2次/h的缝隙风，太阳辐射量、室内产热均可忽略不计。

（4）对因改变窗户及墙体的热性能而使冷气房负荷发生变化进行研究（要点：对力图减少窗户及外墙的高隔热化以及窗户的太阳辐射热摄取时的冷气房负荷进行计算并加以比较）。

（5）为实现窗户及外墙的高隔热化时，对给暖气房负荷带来的影响进行研究（要点：根据窗户及外墙的高隔热化条件，对暖气房负荷进行斤算并加以比较）。

（6）根据前几项的计算结果，对冬季与夏季室内负荷的比率加以考察。

10.2 对图10.9中的立面及断面所表示的木结构建筑回答下述问题。正面为南面，北面同样也装有窗户。另外，东西面配有剖面图所示的窗户。各部位的传热系数如图10.3中所示。

（1）将计算结果填入表10.3中的表格内，并求出总传热系数及热损失系数。

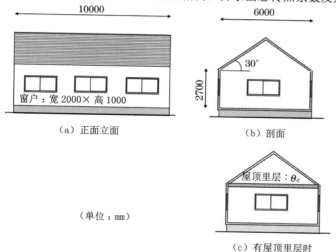

图 10.9 暖气房负荷计算模式

热损失系数的计算　　　　　　　　　　　表 10.3

		面积 A[m²]	传热系数 K [W/(m²·K)]	AKH [W/K]
屋顶			0.2	
外墙	山墙侧的上部		0.4	
	南北面+山墙面（高2.7m部分）		0.4	
窗户			4.0	
地面（H=0.7）			0.4	
小计（传热系数）				
换气·缝隙风（n=0.5）	房间容积 V_{OL}		$0.35nV_{OL}$=	
合计（总传热系数）				HLC=
热损失系数	楼面面积 A_F		Q[W(m²·K)]=	

（2）对暖气房负荷进行计算。太阳辐射、室内产热可以忽略不计。已知：室外气温为2℃，室温为22℃。

（3）在墙壁、屋顶、地面上再将导热系数0.03W/（m·K）的隔热材料分别增加5cm。另外，因窗户采用的是低辐射率复层玻璃，所以$K=2.0$W/（m^2·K）。求出这时的总传热系数、热损失系数、暖气房负荷后，对（1）、（2）的结果进行比较［要点：当将传热系数0.03W/（m·K）的隔热材料增加5cm后，热传递阻力增加为$0.05/0.03=1.667m^2$·K/W。用该值就可以计算出墙体、屋顶、地面的传热系数］。

（4）根据前面的提问，对太阳辐射热及室内产热是否能提供所有的暖气房负荷进行研究。

10.3 如图10.9中的（c）中所示是一幢屋顶里层带有顶棚的坡屋顶建筑，请回答下述问题。

（1）利用室温导出表示屋顶里层温度的公式，并对屋顶里层的温度进行计算（要点：设屋顶里层的温度为θ_c，当经过顶棚由室内流入屋顶里层的热和通过屋顶及屋顶里层的山墙流向外部的热相等时，求θ_c应为多少）。

（2）对图（b）中来自屋顶的热损失和图（c）中来自顶棚的热损失进行比较、分析。

■ 参考文献

1） 宇田川光弘：パソコンによる空気調和計算法，オーム社，1986.
2） 井上宇市編：空気調和ハンドブック（改訂5版），丸善，2008.

COLUMN　共享空间的舒适性与集中供暖

共享空间因窗户大、顶棚高，所以可以得到充分的采光。明亮且室内容积大的空间令人心情愉悦。另外，从春天开始一直到秋天都可以通过高窗进行自然的通风换气。因起居室及餐厅的共享空间使生活空间形成一个连续的空间，所以就会有感觉到二层和一层浑然一体。当欲与二层人员交流时，不必要到二层，在一层的起居室及餐厅说话二层也能清楚听到。在这里不仅是阳光，连声音都可抵达各个角落。

但是如果考虑是否需要开放暖气，那么对于共享空间来说就不知采用哪种采暖方式才适宜，因为无论是提供多少暖风，但热空气都会聚集到顶棚处，造成或者是居住区域的室温很低，或者是大空间所用的供暖能源的浪费等。

解决这一问题的方法就是高隔热建筑。在共享空间部分，因房间的室内容积大，所以窗户及外墙等的外表面积也会增大，这样房

图10.10　带有共享空间的起居室

间的供暖必要量恐怕也会增大。与没有共享空间相比，整个建筑的外表面积就会大大增大。如果建筑物外周部位的隔热充分，那么共享空间供暖效果就不会不足。即使顶棚附近的温度高，通过一层的送暖也会使二层房间温度升高。共享空间的供暖可以考虑采用整个房间均供暖的全室供暖方式。

倘若整个房间都供暖，那么就不必担心会出现来自未供暖的房间及走廊令人不爽的冷空气。特别是卫生间及浴室的供暖对于高龄者的健康来说是非常重要的。像走廊及浴室这种平时无人的房间一直持续供暖一般认为太浪费，但暖气房的热量就会流向室温低的非暖气房间造成热逃逸，进而热量又会由非暖气房间流向室外。所以如果将外周部分进行隔热的话，那么即便是部分供暖及全室供暖，用于供暖的能源也不会有太大的变化。房间之间温差小的高隔热住宅的那种所有房间都供暖的全室供暖称得上是一种健康、舒适的节能方法。

3) 木村建一：設備基礎理論演習（新訂第 2 版），学献社，1995.

4) 田中俊六・武田　仁ほか：最新建築環境工学（改訂 3 版），井上書院，2006.

5) 田中俊六・宇田川光弘ほか：最新建築設備工学，井上書院，2002.

6) 宇田川光弘・佐藤　誠：EESLIM による建築のエネルギーシミュレーション，空気調和・衛生工学会学術講演論文集，pp.729-732，1998.

7) 空気調和・衛生工学会編：R-1003-2005 熱負荷・空調ソフトウェアの現状と将来（下），空気調和・衛生工学会，2006.

8) http://ees.arch.kogakuin.ac.jp

9) 空気調和衛生工学会編：空気調和・衛生工学便覧（第 13 版），空気調和・衛生工学会，2001.

10) 設計用最大熱負荷計算法，空気調和・衛生工学会，1989.

11) 浦野良美，中村　洋編：建築環境工学，森北出版，1996.

12) 住宅に係わるエネルギー使用の合理化に関する建築主の判断の基準，平成 11 年通商産業省・建設省告示第 2 号，2001.

13) 建築物に係るエネルギーの使用の合理化に関する建築主等及び特定建築物の所有者の判断の基準，年経済産業省・国土交通省告示第 5 号，2006（改正）.

14) 宇田川弘光：標準問題の提案（住宅標準問題），日本建築学会第 15 回熱シンポジウムテキスト，pp.22-33，1985.

11. 湿空气

在空调设备中，问题之一就是如何对空气的温度进行控制。地球上的空气中含有水蒸气，这种含有水蒸气的空气即被称为"湿空气"。湿空气可以用温度和湿度等来反映其状态。另外，湿度的指标有很多种类，在第 13 章所论述的结露问题中，表示湿空气状态的露点温度就非常重要。在本章中，我们将对如何用湿空气线图来理解这些状态值的方法及其性质做一说明。

11.1　湿空气与湿空气线图

11.1.1　湿空气

不含水蒸气的空气在高度 80km 以下大气层中，是由大致同一成分构成的。这种一定成分的空气被称作干空气（dry air）。其成分构成是总体积中下列元素所占比例：氮 78%、氧 21%、氩 1%、二氧化碳 0.03%。与之相反，含有水蒸气的空气就称为湿空气（moist air）[*1]。

11.1.2　湿空气线图

"湿空气线图"（psychrometric chart）就是将表示空气状态的相关因子在一个图中表现出来，所以可用于根据测出的温度等条件查找该状态下空气的相关数据。如果知道表示空气性质的状态量，便可设定一种状态。空气线图中有很多种类，一般多采用图斜线为比焓（entharpy）h、纵轴为取绝对湿度的 h-x 线图。h-x 线图与其他线图相比，其特点是在理论计算方面更有优势，可以准确的绘制线图。当记入干球温度 θ、湿球温度 θ'、露点温度 θ''、相对湿度 φ、比焓 h、绝对湿度 x、比容积 υ、水汽压（水蒸气分压）p_w，并从中决定 2 项后，就可以决定湿空气线图上的状态点，并求出剩余的所有状态值了。图 11.1 表示 h-x 线图的要点。如

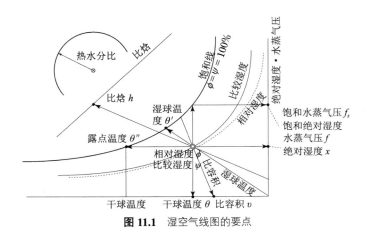

图 11.1　湿空气线图的要点

果以两个已知的状态量为基础决定湿空气线图上的位置，那么代表各项的线段上的刻度交点就可以表示各项的状态值。此外，湿空气的状态可用附录 4 中的函数表进行计算求解。

11.2 湿空气的状态值

11.2.1 绝对湿度

干空气每 1kg 含有 *x*kg 的水蒸气时，就将 *x*[kg/kg(DA)] 称作绝对湿度（humidity ratio）。[2] 如果绝对湿度 *x*=0，那空气中就不含水蒸气，所以这种不含水蒸气的空气就是干空气。当湿空气中水蒸气的含量增加时绝对湿度就会增加，但空气所含的水蒸气量是有一定的限度的，达到这个限度的状态就称为"饱和状态"，而饱和状态的绝对湿度则称作饱和绝对湿度（saturated humidity ratio）。

11.2.2 水汽压（水蒸气分压）

湿空气是干燥空气与水蒸气的混合体。表示湿空气中水蒸气含有量的方法有水汽压（water vapar pressure）*f*[Pa]。当水蒸气量增加时水汽压就会增大，但空气中含有的水蒸气量是有一定限度的，在一定的温度下空气中水蒸气浓度达到最大值时的湿空气就是饱和空气。

绝对湿度 *x*、水汽压 *f*、大气压 *P*[Pa] 的关系式如公式（11.1）所示。[3]

$$x = 0.622 \times \frac{f}{p-f} \; [\text{kg/kg(DA)}] \tag{11.1}$$

11.2.3 相对湿度与饱和度

相对湿度（relative humidity）是指湿空气中的水汽压与同温度下饱和水汽压的百分比，可用公式（11.2）表示。

$$\varphi = (f_w/f_s) \times 100 \; [\%] \tag{11.2}$$

其中，f_w：湿空气中的水蒸气压 [kPa]，f_s：同温度下饱和空气的水蒸气压 [kPa]。

饱和度（percentage saturation）（比较湿度）是将该空气与同压同温的饱和空气进行比较时的相对的水蒸气量，可以公式（11.3）表示。

$$\psi = (x/x_s) \times 100 \; [\%] \tag{11.3}$$

其中，x：某一空气的绝对湿度 [kg/kg（DA）]，x_s：同压同温下的饱和空气的绝对湿度 [kg/kg（DA）]。

11.2.4 湿球温度

湿球温度（wet bulb temperature）是指通风湿度计（阿斯曼通风湿度计）的温度敏感元件处包有脱脂棉纱布的下端浸入装有蒸馏水的玻璃小杯内，在毛细作用下纱布吸水的状态。是一种水分蒸发产生的热损失和热传递产生的显热摄取所形成的平衡状态的温度。当周围空气的风速在 5m/s 以下时，就可以认为湿球温度为隔热饱和温度（adiabatic saturated temperature）。带有干燥敏感元件的温度计所测量的温度就称作干球温度（dry bulb temperature）θ[℃]，在不接收周围产热状态下进行测量。

11.2.5 露点温度

露点温度（dew point temperature）［℃］是指在气压和水汽含量不变的情况下，湿空气温度降低水蒸气凝结后产生结露的温度，也就是湿空气中的水汽达到饱和时的温度。露点温度与水汽压可用一定的值表示。这个水汽压与在露点温度中的饱和水汽压相同。露点温度没有专门表示其值的线性函数，但因空气冷却时空气的水汽压与饱和水汽压时的温度相同，所以绝对湿度一定的干球温度就会向下降的方向移动，当与饱和线相交时，其交点就是露点温度。

11.2.6 比焓（比热焓）

所谓比焓，就是指将空气所具有的内部能量及其做功换算成热量的值。湿空气的焓由干空气的焓 h_a［kJ/kg（DA）］和水蒸气的焓 h_v［kJ/kg］构成，其关系如公式（11.4）所示：

$$h_a = c_{pa} \cdot \theta = 1.006 \cdot \theta \quad [kJ/kg(DA)]$$
$$h_v = r_0 + c_{pv} \cdot \theta = 2501 + 1.806 \cdot \theta \quad [kJ/kg] \tag{11.4}$$

1kg 的干空气与 x kg 的水蒸气混合的湿空气的比焓 h 用下述公式表示：

$$h = h_a + x \cdot h_v = c_{pa} \cdot \theta + x(r_0 + c_{pv} \cdot \theta) \quad [kJ/kg(DA)] \tag{11.5}$$

其中，h_a：干空气的焓［kJ/kg（DA）］，C_{pa}：空气的定压比热 =1.006kg/（kg（DA）·℃），θ：温度［℃］，h_v：水蒸气的焓［kJ/kg］，r_0：0℃时水蒸气的蒸发潜热 =2501kJ/kg，C_{pv}：水蒸气的定压比热 =1.806kJ/（kg·℃）。

11.3 潜热与显热

物质在伴随热量的吸收或散发的过程中，固体、液体、气体会发生状态上的变化（图 11.2）。这种变化中热量的增减而使温度发生变化就称作"显热"，而物质发生相变但温度不发生变化则称作"潜热（固体⇔液体⇔气体）"。正如图 11.3 所示，伴随冰⇔水⇔水蒸气相变的融化热、汽化热相当于潜热。同一相内温度发生变化的程度就叫作"比热"（specific heat）。在建筑设备中，除利用伴随温度（显热）变化而产生的放热及吸热的热交换（接触温度不同的物质）等外，当欲使水冷却时，一般大多都是利用物质的相变原理实现的：如可使一部分

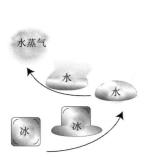

图 11.2 相的概念图

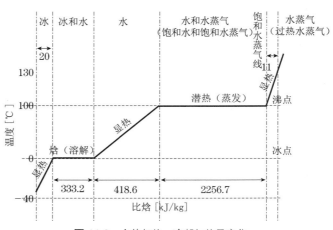

图 11.3 水的加热·冷却与热量变化

水蒸发，通过汽化潜热将水冷却的冷却塔，或在输送蒸汽的必要场所使蒸汽凝结，
利用压缩产生热量进行增温的暖气房等。

◇ 练习题

11.1 用湿空气线图回答以下问题。

　　（1）当标准大气压中的干球温度为 30℃、湿球温度为 24℃时，绝对湿度、相对湿度、饱和度、露点温度、水蒸气压、焓、比容积应为多少？

　　（2）当干球温度为 25℃、相对湿度为 60% 时，绝对湿度、饱和度、露点温度、水蒸气压、焓、比容积应为多少？

　　（3）25℃饱和空气的绝对湿度、水蒸气压、焓、湿球温度、露点温度应为多少？

11.2 在干空气 1kg，以及含 0.01kg 水蒸气的湿空气的条件下，干球温度为 26℃时的焓应为多少？

11.3 已知房间的室内地面面积 20m²、顶棚高 3m。室内空气的温度 26℃、相对湿度 50% 时，请问该房间水蒸气的质量为多少？可根据干燥空气的密度 $\rho[\mathrm{kg/m^3}]$ 为 $\rho=1.293/(1+\theta/273.15)$ 求解。

11.4 参考附录 4，对温度 22℃、26℃、28℃，相对湿度 40%、50%、60%、70% 时的水汽压、绝对湿度、露点温度进行计算。

11.5 用附录 4 中的函数① $P\_fs(T)$ 绘制温度与水蒸气压图表。在图标上绘出温度的范围为 -10 ～ 35℃，相对湿度为 20%、40%、60%、80% 时的水蒸气压曲线。

■ 参考文献

1)　空気調和・衛生工学会編：空気調和・衛生工学便覧（第 13 版），空気調和・衛生工学会・丸善，2001.

2)　ASHRAE Handbook Fundamentals, ASHRAE, 2000.

12. 室内湿度调节与蒸发冷却

调节室内的湿度对于满足居住者的舒适性以及防止疾病的发生、保护收藏品来说是至关重要的。本章将对如何导出有关由室内形成湿度的水平衡公式的同时，还将就空气调节中的加湿、除湿过程进行说明。另外，还将介绍一些如何利用伴随水的蒸发所产生的冷却效果应用案例。

12.1　室内的水平衡

12.1.1　水平衡

对于室内水蒸气产生的主要因素，可举出以下几种：

① 随换气及缝隙风进出的水蒸气；

② 由人体及烹调、入浴等在室内产生水蒸气；

③ 加湿器·除湿器或空调机对室内空气的加湿·除湿；

④ 墙体两侧水蒸气压差产生的透湿（渗潮）；

⑤ 内装材料及室内衣服·书类等的吸放湿造成的水蒸气移动。

其中，④透湿的重要因素就是与墙体内结露的产生有关，但与其他的因素相比，水蒸气的移动并不大。另外，⑤吸放湿可抑制室内湿度急剧变动或使开始送冷时除湿量增大。本章仅将稳态作为考虑因素，只对上述的①～③的主要原因加以考虑。

与室内空气的热收支公式（10.1 节）相同，关于进出于室内空气的水蒸气的水分收支公式如下：

$$\rho Q(x_o - x_r) + W_g + W_h = 0 \qquad (12.1)$$

其中，ρ：空气的密度 [kg（DA）/m^2]（约 1.2[kg（DA）/m^3]），Q：换气量 [m^2/s]，x_o：外气绝对湿度（DA），x_r：室内绝对湿度 [kg/kg（DA）]，W_g：室内水蒸气发生量 [kg/s]，W_h：加湿量 [kg/s]（负数时除湿）。

公式（12.1）左边各项的单位均为 [kg/s]，表示每单位时间流入室内的水蒸气的质量。另外，水蒸气流入室内时各项均取正数。例如，$x_o < x_r$ 时，换气造成的水蒸气流入量 $\rho Q(x_o-x_r)$ 为负数，即实际上水蒸气流向室外。公式（12.1）所示的水平衡表示在各项为负值时，平均每单位时间流入室内的水蒸气量合计为 "0"。此外，用 $\rho Q(x_o-x_r)$ 表示换气造成的水蒸气流入量可用下式加以确认：

$$\rho Q：[\mathrm{kg(DA)/m^3}] \times [\mathrm{m^3/s}] = [\mathrm{kg(DA)/s}]$$

（单位时间流入或流出的干燥空气质量）

$$\rho Q(x_o-x_r)：[\mathrm{kg(DA)/s}] \times [\mathrm{kg/kg(DA)}] = [\mathrm{kg/s}]$$

（单位时间流入的水蒸气质量）

这样，在按单位进行演算的基础上，就容易理解单位表示的物理概念了。

公式（12.1）的各项表示水蒸气的质量流量 [kg/s]，但各项乘以水的蒸发潜热 r[kJ/kg] 后，通过 [kg/s]×[kJ/kg]=[kJ/s]=[kW] 的演算式就可以变换为热量 [kW] 的等式。即：

$$r\rho Q(x_o - x_r) + rW_g + rW_h = 0 \qquad (12.2)$$

如果 $H_L = -rW_h$，公式（12.2）即为

$$H_L = r\rho Q(x_o - x_r) + rW_g \qquad (12.3)$$

H_L[kW] 称作"潜热负荷[*1]"。与潜热负荷相对应，第 10 章中所提到的"负荷"，其准确的称谓应当为"显热负荷"。另外，显热负荷与潜热负荷之和就是"全热负荷"。对水蒸气的质量流量带有蒸发潜热的潜热负荷与显热负荷一并进行处理的原因，将在下一节中论述。此外，水的蒸发潜热 r 随温度而发生变化，但在标准大气压下，0℃时为 2500kJ/kg。

[*1] 这里除湿侧为正，但也可以取加湿侧为正。

12.2 除湿与加湿

12.2.1 除湿

除湿的方式有以下几种：

① 利用冷凝盘管（cooling coil）进行的冷却·除湿；

② 利用除湿剂（dehumidification agent）吸附水分进行的减湿；

③ 利用大量水喷雾进行的空气喷雾（air washer）。

下面，就对其中经常使用的①及②的方式，用在第 11 章中所列举的湿空气线图（卷末附表 2）做一说明。

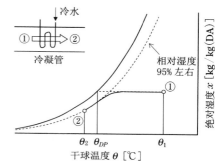

图 12.1 利用冷凝管的冷却除湿

a. 利用冷凝管进行的冷却·除湿

当冷水通过空调机的盘管（热交换器）时，通过空调机冷凝盘管的空气就会冷却，当冷凝盘管表面温度一旦低于露点（图 12.1 的 θ_{DP}）时，水蒸气就会凝结在盘管的表面而形成水分。也就是说，出口状态（图中的②）的绝对湿度的值要比入口状态（图中的①）的值小。这样，冷凝盘管中的除湿就开始启动。

这时，来自（流经冷凝盘管的）空气的除湿量即为 W_d[kg/s]。该水蒸气在冷凝盘管表面凝结时，就会产生凝结热 rW_d[kW]，并使周围的空气温度升高。相反，水蒸气凝结但空气温度未发生变化而流入盘管的冷水量增加时，就必须除去多余的 rW_d[kW] 热。这样，水分（水蒸气）的质量流量 [kg/s] 中带有的水的蒸发潜热 [kJ/kg] 就被称作"潜热"，与空气温度发生变化的显热相同开始工作。

b. 利用除湿剂吸附水分进行的减湿

这是一种使用（氧化）硅胶及沸石等吸附剂［干燥剂（desiccant）］来吸附空气中水蒸气的方式，带有这种装置的空调机就称作除湿空调机。图 12.2 表示即使在除湿空调机中也是采用通过转子旋翼进行外气处理的结构的。湿度高的外气一旦进入空调机，当通过由吸附剂构成的旋转式除湿转子旋翼时就会向室内提供经过减湿干燥处理的空气。另外，随着除湿转子旋翼的转动，吸附水分的吸附剂在高温的作用下，与相对湿度低的空气接触后水分减少，可以再次被用于吸附水分。

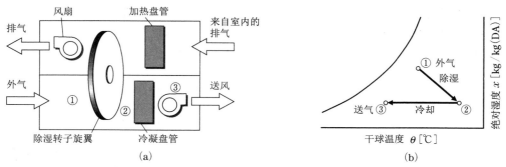

图 12.2 除湿空调机的构成与除湿·冷却过程

正如图 12.2 中的（b）所示，在除湿空调机中的外气处理过程中，当外气通过除湿转子旋翼后在相对湿度减少的同时温度上升，这一点与上述的冷却除湿不同。这种温度上升是水蒸气被吸附时产生冷凝热及吸附热而使空气温度上升造成的。在送冷期间，需要向室内提供低温空气时，应根据需要利用冷凝盘管等来降低温度。

为了去除除湿转子旋翼所含的水分，应当使干燥的高温空气由此通过。在图 12.2 中就是用来自室内的排气作为这种空气的。但是，排气用的空气一般温度达不到高温的要求，所以就需用加热盘管等进行加热后提供给除湿转子旋翼。

12.2.2 加湿

加湿（humidification）的方式有以下几种：

① 利用蒸汽的方式；

② 将水呈雾状喷出、蒸发的水喷雾方式；

③ 加大水与空气的接触面，促进气化的气化方式。

在利用蒸汽的加湿中，除了由锅炉等的蒸汽源提供的蒸汽从喷嘴的小孔喷出的方式外，还有利用电气加热产生蒸汽的方式。②水喷雾方式是通过给水增加压力等，使水经喷射后呈水雾状的方式。③气化方式是将无纺布（称作"加湿元素"）等媒介浸湿后，通过与空气的接触而产生蒸发的方式。

正如图 12.3 中所示，采用蒸汽加湿时，在空气线图上呈垂直向上的趋势变化，其空气温度的变化小。当采用水喷雾方式时，空气温度则沿着湿球温度匀速变化曲线而发生变化，与增加绝对湿度相反，空气温度反而会下降。为弥补这种温度的下降而追加的热量就相当于利用水的加湿造成的潜热负荷。

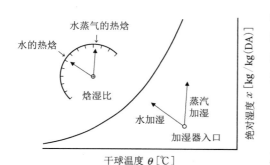

图 12.3 利用加湿形成的空气状态的变化

12.3 对蒸发冷却的利用

在上一节中，我们对利用水喷雾加湿使空气湿度上升及降低温度进行了说明，而利用蒸发冷却效果以使周围温度降低，还可利用喷射微雾的装置实现。

12.3.1 微雾冷却（mist– 细雾冷却）

微雾冷却是将水压增高后从细径喷嘴喷射出呈微雾状的微小水滴，使其在空气中迅速蒸发以借此降低周围温度的冷却方式，很早以前就有为抑制温室内的高温而采用此法的。近年来在许多城市都可以看到这种用于室外空间降温的案例。

图 12.4 是一个安装在位于名古屋市中心区公共设施地下广场的微雾冷却装置的案例。[1] 喷嘴按每隔 25cm 的距离设置，每个喷嘴可喷出 1.2kg/s 的微雾。在喷嘴的附近，喷雾造成的空气温度大幅下降，而且周围风的状态也会发生很大的变化。在接近无风时，喷嘴附近的冷空气受浮力效应的影响会向下移动，温度最多可下降 5℃ 左右。

从该例中可以看到，在屋顶·墙壁等围护的半封闭空间，在风力不大的条件下微雾冷却具有极好的效果。此外，为防止水滴喷射到行人，水滴的粒径应极小，而且在使水压高压化及喷嘴细径化的同时，还应考虑到喷嘴的堵塞问题。

12.3.2 蒸发冷却的自然冷气房

在上节中，我们列举了如何利用室外蒸发冷却降温（evaporative cooling）的案例，下面准备尝试如何在干燥地区的民居建筑中，按同样的原理使其适用于室内。图 12.5 中表示的是将室外风引入室内的装置中装有蒸发冷却装置的结构[2]，该装置在中东地区被称为捕风塔（malqaf）。其捕风口朝向该地域盛行风，当与排气口一起设置就会具有增加室内通风量的作用。在干燥地域的一些地区，中午

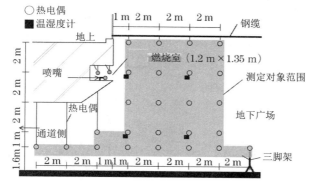

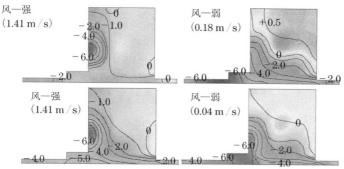

图 12.4 微雾冷却中风的强弱与断面温度分布的关系 [1], [*2]

*2 以 28℃ 为标准（=0℃）进行绘制的。另外，图中所示风速是距地下广场地面向上 1.5m 处的测定值。

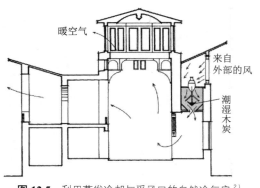

暖空气

来自外部的风

潮湿木炭

图 12.5 利用蒸发冷却与采风口的自然冷气房[2]

的室外气温高达 40℃ 以上，仅仅靠风的流动是不会凉爽的。所以，空气经过在通风处设置潮湿木炭格栅层（木炭格栅挡板）后风速加大，随着木炭内的水分蒸发，空气冷却降温。

在日本夏季高温的地域，室内设置蒸发冷却装置有可能带来高湿热造成的不适感以及霉斑的发生等，但干燥地区却是一个适宜在室内设置蒸发冷却装置的环境。

12.3.3 屋面洒水

夏季的屋面在阳光的照射下会达到 60℃ 以上的高温，而且屋顶隔热不好时会使室内环境恶化。这时，可以采用屋面洒水的方法，即在屋顶外表面洒水，通过蒸发冷却降低屋面温度，使室内环境得到缓解。

图 12.6 是工厂利用井水向瓦楞屋顶洒水的装置。[3] 当未采用冷气房时，通过屋面洒水除了可以使居住区域的温度下降 2 ～ 3℃ 外，还可以使顶棚面的温度（室内侧）大大降低，改善太阳辐射环境。但是值得注意的是：当屋顶隔热充分时，屋面洒水对改善室内环境也有显著的效果。

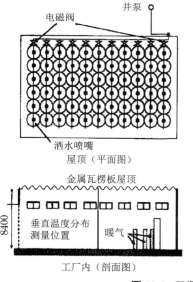

井泵

电磁阀

洒水喷嘴

屋顶（平面图）

金属瓦楞板屋顶

8400

垂直温度分布测量位置

暖气

工厂内（剖面图）

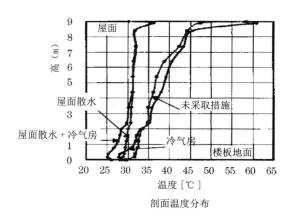

剖面温度分布

图 12.6 瓦楞屋顶中的屋面洒水装置与效果[3]

◇ 练习题

12.1 考虑可满足下述条件的房间。

- 室外温度 20℃，55%（绝对湿度 0.008kg/kg（DA））
- 室内产生的水蒸气量 $1.0×10^{-3}$kg/s（3.6k/h）
- 换气量 0.2m³/s（750m³/s）

（1）请问，当不进行加湿及除湿时，室内的绝对湿度应为多少？

（2）为保证室内满足 25℃，50%（绝对湿度 0.010kg/kg（DA））的条件，应当进行除湿还是加湿？另外，求出这时的除湿量（加湿量）与潜热负荷应为多少？

■ 参考文献

1) 西川洋平ほか：オアシス 21 における水による環境への効果に関する研究（第 4 報）細霧冷房の蒸発特性と断面温度分布，日本建築学会大会学術講演梗概集，D-2，pp.1555-1556，2004.

2) Hassan Fathy：*Natural Energy and Vernacular Architecture*，The University of Chicago Press，1986.

3) 紺野康彦ほか：折板屋根大規模建物の温熱環境改善に関する研究（その 1）屋根散水とディスプレイメント空調の適用，D-2，pp.503-504，2000.

13. 结露与防止结露

日本气候特点是空气的湿度大，所以经常会发生结露（dew condensation）引起的灾害。为避免这种结露造成的危害，了解产生结露的条件是非常必要的。本章学习的内容是：结露的产生原因、对是否会发生表面结露及内部结露进行判断的方法，以及防止壁橱表面·屋顶里层·热桥等部位产生结露的方法。

13.1　结露的原因与分类

建筑物各部位的表面温度低于附近空气露点温度时就会发生结露（表面出现的冷凝水现象）。也就是说建筑物的部位温度低、周围空气的露点温度高（湿度大）都是产生结露的原因。按照产生结露现象产生的部位，可以分为"表面结露"和"内部结露"；而从结露所造成的危害这一标准出发，则可以分为"有害结露"和"无害结露"。

13.1.1　表面结露与内部结露

a. 表面结露（visual condensation）

指空气中的水蒸气（vapor）在寒冷墙壁·窗户等的表面形成水珠的现象。与装有冰汽水的杯子表面出现水滴的现象相同。

湿空气接触到露点温度以下的物体表面时，空气中的水蒸气呈饱和状态，其结果就会在其表面产生水滴。

b. 内部结露（concealed condensation）

指在墙壁及屋顶等的内部所产生的结露。受室内外绝对湿度差（水蒸气压的差）的影响，水蒸气在墙体内部移动。其结果，绝对湿度便分布在墙体的内部。另外，在墙体内部的温度分布也不均衡，当墙体内的一部分水蒸气呈饱和状态（温度在露点温度以下）时，便在内部产生结露。特别是温度变化大的部位，例如在隔热材料与混凝土主体的相接部分产生结露的情况时有发生。

13.1.2　冬季型结露与夏季型结露

a. 冬季型结露

指在室外气温低的冬季产生的结露。冬季地板·墙壁·窗户等的室内侧表面的温度低，当室内湿空气达到饱和状态时，表面就会产生结露（冬季窗玻璃表面模糊等）。另外，在墙壁内也会产生结露。

这时，室外空气侧的绝对湿度（水蒸气压）低，室内侧的绝对湿度高。

b. 夏季型结露

指在室外气温绝对湿度大的夏季产生的结露。在热容量大的墙体温度时间变化小的部位容易产生结露。即使是正午这种墙体的温度也不会高，在夏季潮湿外气流入时就会产生结露。另外在热带多雨闷热地域，当室内开启空调时窗户的玻璃外侧表面就会结露。受夜间热辐射的影响，冰冷的外墙面就会产生结露（同晨露现象）。

这时，外气侧的绝对湿度（水蒸气压）大，室内侧的绝对湿度低。

13.1.3 有害结露与无害结露

a. 有害结露

指因墙壁出现的污渍及霉斑，以及材料腐坏等原因产生的结露。也有室内空气质量恶化的原因 [*1]。

b. 无害结露

窗户玻璃的表面结露以及并非材料原因产生的内部结露（材料内含水保持在容许含水率以下的结露）就称作无害结露。

[*1] 结露可产生壁虱·霉斑，同时还会出现引起变态反应的物质等。

13.2 发生在建筑物内的水蒸气

图 13.1 表示发生在住宅内的水蒸气。此外，主要的水蒸气发生源为人体、烹饪设备、燃烧型采暖设备等，其发生量经整理如表 13.1 所示。

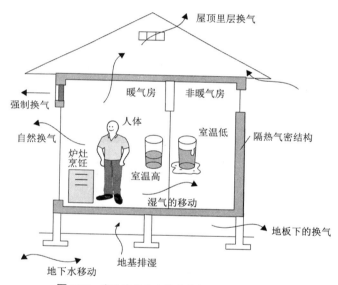

图 13.1 发生在住宅内的水蒸气与水蒸气的移动

水蒸气发生量　　　　　　　　　　　　　　　　　　　　　　　表 13.1

		水蒸气发生量 [g/h]			水蒸气发生量 [g/h]
人体 *	就寝时 坐着时（安静） 坐着时（轻体力劳动） 坐着时（中体力劳动） 起立时 步行时	20 31 44 82 75 194	烹饪设备 **	煮面条　　　燃气炉 　　　　　　IH 加热	431 301
				煮南瓜等　　燃气炉 　　　　　　IH 加热	199 152
				煮鸡蛋　　　燃气炉 　　　　　　IH 加热	180 108
暖气房设备 ***	城市燃气燃烧设施 灯油燃烧器具	160 110			

*　设定值为室内温度 20℃ 状态下的男子。　　**　根据文献（1）。

***　众所周知燃气及灯油在燃烧的过程中会产生二氧化碳及氮氧化合物，但应加以注意的是还可以产生水蒸气。

13.3　对表面结露的研究

这里列举了在玻璃及墙体表面是否会产生结露的判断方法。为了对湿气移动进行研究，首先对其基础理论做一说明。

13.3.1　热移动与湿气移动的相似处

热会从温度高的地方向温度低的地方移动。同样，湿气也会从绝对湿度（或水蒸气压）高的地方向低的地方移动。热移动可以用建筑材料的导热系数 λ、建筑材料表面的对流传热系数 α 和将它们综合后的总传热系数 K 来表现。同样，湿气的移动可以用导湿系数 λ'、对流传湿系数 α'、传湿系数 K' 表现。它们的关系可用表 13.2 表示。另外，热移动与温度分布，以及湿气移动与绝对湿度分布的图像如图 13.2 所示。

热移动与湿气移动的相似性 *   表 13.2

热	导热系数　λ [W/（m·K）]	对流传热系数　α [W/（m²·K）]	总传热系数　K [W/（m²·K）]
湿气	导湿系数　λ' [kg/（m·s·（kg/kg（DA）))]	对流传湿系数　α' [kg/（m²·s·（kg/kg（DA）))]	总传湿系数　K' [kg/（m²·s·（kg/kg（DA）))]

* 传热中有辐射传热和对流传热，而传湿中只有对流传湿。在这一点上热移动与湿气移动并不相似。

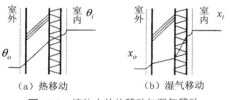

（a）热移动　　　　　　（b）湿气移动
图 13.2　墙体内的热移动与湿气移动

13.3.2　传热系数与传湿系数

正如图 13.3 中所示，墙壁是由两种材料构成的。墙壁各层的导热系数为 λ_1、λ_2，墙壁的厚度为 d_1、d_2，室内侧的传热系数为 α_i，室外侧的传热系数为 α_o 时，通过各层的热量用公式（13.1）表示。

$$q_1 = \alpha_i(\theta_i - \theta_1), \qquad q_2 = \frac{\lambda_1}{d_1}(\theta_1 - \theta_2)$$
$$q_3 = \frac{\lambda_2}{d_2}(\theta_2 - \theta_3), \qquad q_4 = \alpha_o(\theta_3 - \theta_o)$$

（13.1）

当处于稳定状态时，通过各层的热量相等。亦即 $q_1 = q_2 = q_3 = q_4$。θ_1、θ_2、θ_3 从公式（13.1）中消元。

$$q = K(\theta_i - \theta_o)$$

（13.2）

K 称为传热系数 [W/（m²·K）]，用下述公式表示：

$$K = \frac{1}{(1/\alpha_i) + (d_1/\lambda_1) + (d_2/\lambda_2) + (1/\alpha_o)}$$

（13.3）

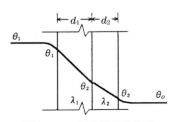

图 13.3　二层墙壁的热传导

当墙壁由 n 层构成时，传热系数同样如下计算：

$$K = \frac{1}{(1/\alpha_i) + \sum_{k=1}^{n}(d_k/\lambda_k) + (1/\alpha_o)} \quad (13.4)$$

当墙壁各层的导湿系数为 λ'_1、λ'_2，墙体厚为 d_1、d_2，室内侧的传湿系数率为 α'_i，外气侧的传湿系数率为 α'_o 时，通过各层的湿气流为公式（13.5）。

$$q'_1 = \alpha'_i(x_i - x_1), \qquad q'_2 = \frac{\lambda'_1}{d_1}(x_1 - x_2)$$

$$q'_3 = \frac{\lambda'_2}{d_2}(x_2 - x_3), \qquad q'_4 = \alpha'_o(x_3 - x_o)$$

$$(13.5)$$

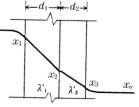

图 13.4 二层墙壁的湿气传导

将 x_1、x_2、x_3、从公式（13.5）中消元，即为

$$q' = K'(x_i - x_o) \quad (13.6)$$

K' 称为传湿系数 $[g/(m^2 \cdot s \cdot (kg/kg（DA)))]$，用下述公式表示：

$$K' = \frac{1}{(1/\alpha'_i) + (d_1/\lambda'_1) + (d_2/\lambda'_2) + (1/\alpha'_o)} \quad (13.7)$$

当墙壁由 n 层构成时，传湿系数同样如下：

$$K' = \frac{1}{(1/\alpha'_i) + \sum_{k=1}^{n}(d_k/\lambda'_k) + (1/\alpha'_o)} \quad (13.8)$$

表 13.3 所示为导湿系数及传湿系等的案例。[2]

[2] 热移动与湿气移动在现象上十分相似，但物理参数并不对应。也就是说，即使是导热系数高的材料，但导湿系数大多都差。例如，金属传热性能好，但湿气却很难透过。相反，像纤维类的隔热材料湿气容易透过，但热传导就很差。通过对热传导和湿气传导进行有效的控制可以防止内部结露的产生。

表 13.3
导热系数·导湿系数·传热系数·传湿系数

材料名称	导热系数 $[W/(m \cdot K)]$	导湿系数 $[g/(m^2 \cdot s \cdot (kg/kg（DA)))]$
混凝土	1.4	0.00044
发泡混凝土	0.17	0.013
砂浆	1.5	0.00064
胶合板	0.18	0.00044
防湿膜（乙烯树脂等）	10	1.5×10^{-6}
隔热材料（石棉等）	0.028	0.00064
位置	总传热系数 * $[W/(m \cdot K)]$	传湿系数 $[g/(m^2 \cdot s \cdot (kg/kg（DA)))]$
室内侧	9	5
室外侧	23	7.5
中空层	5	1.7

* 总传热系数为对流传热系数与辐射传热系数的合计。

13.3.3 玻璃表面结露的计算

下面，我们通过下述例题学习并掌握表面结露的计算方法。[3]

【例题 13.1】 当室外温度 0℃、室内温度 20℃时，窗户的玻璃表面会结露吗？

当窗户面积为 3m² 时，平均 1 小时会产生多少克的结露水？室内相对湿度 50%、玻璃厚度 5mm、传热系数 1.0W/（m·K）、导热系数参见表 13.3。饱和绝对湿度根据卷末附表 3、露点温度根据空气线图（卷末附表 2）求出。

〔解〕（1）利用公式（13.3）求解窗户的传热系数。

[3] 产生在窗户上的结露大多发生在玻璃表面窗框上，所以这里以玻璃表面为例加以说明。

$$K=\cfrac{1}{(1/9)+(0.005/1.0)+(1/23)}=6.27\ [\mathrm{W/(m^2 \cdot K)}]$$

（2）根据公式（13.2）求解热流。

$$q=6.27\ [\mathrm{W/(m^2 \cdot K)}]\times(20-0)\ [\mathrm{K}]=125.4\ [\mathrm{W/m^2}]$$

（3）根据公式（13.1）求出窗户室内侧的表面温度应为多少？

$$125.4\ [\mathrm{W/m^2}]=9\times(20-\theta_1),\qquad \theta_1=6.1\ [\mathrm{℃}]$$

（4）根据空气线图求出内空气的露点温度，而且当外窗内表面温度在露点温度以下时就会产生结露。这时，"室内空气的露点温度 9.5℃＞外窗内表面温度 6.3℃"，并产生结露。

（5）求解窗户室内侧表面温度相对应的饱和绝对湿度。饱和绝对湿度与室内空气的绝对湿度的差乘以传湿系数后，求解湿气流 $[\mathrm{g/(m^2 \cdot s)}]$ [公式（13.5）]。

根据卷末附表 3，可以得知，对应于室内侧表面温度 6.1℃ 的饱和绝对湿度为 0.0058kg/kg（DA）。另外，因室内空气 20℃ 的饱和绝对湿度为 0.0147kg/kg（DA），所以根据相对湿度为 50%，室内空气的绝对湿度为 0.0074kg/kg（DA）。[*4]

$$(0.0074-0.0058)\ [\mathrm{kg/kg(DA)}]\times5\ [\mathrm{g/(m^2 \cdot s \cdot (kg/kg(DA)))}]$$
$$=0.0080\ [\mathrm{g/(m^2 \cdot s)}]$$

另外，湿气流乘以面积与单位相加即为

$$0.0080\ [\mathrm{g/(m^2 \cdot s)}]\times3\ [\mathrm{m^2}]\times3600\ [\mathrm{s/h}]=86.4\ [\mathrm{g/h}]$$

结论：1 小时可以产生结露水 86g。

13.4 内部结露的计算

本节将通过下述例题对内部结露的研讨方法进行学习。[*5]

【例题 13.2】 在图 13.5 所示的墙体中是否产生内部结露？这时，按下述 3 个步骤进行：

（1）求出墙体内部的温度分布及饱和绝对湿度分布。

（2）求出墙体内部的绝对湿度分布。

（3）对墙体内部的绝对湿度是否超过饱和绝对湿度进行讨论。该部分是否产生内部结露。

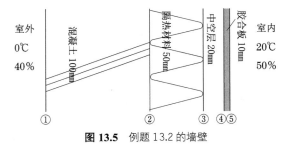

图 13.5 例题 13.2 的墙壁

[解]（1）求墙体内的温度分布。

①传热系数：

$$K=\cfrac{1}{(1/23)+(0.1/1.4)+(0.05/0.028)+(1/5)+(0.005/0.19)+(1/9)}$$
$$=0.447\ [\mathrm{W/(m^2 \cdot K)}]$$

*4 这里采用的是，相对湿度 φ（relative humidity）与比较湿度 ψ 约为同值。相对湿度是空气的水蒸气压 f 与饱和水蒸气压 f_s 之比，比较湿度是空气的绝对湿度 x 与饱和绝对湿度 x_s 之比。

$$\varphi=\cfrac{f}{f_s}\times100\ [\%]$$
$$\psi=\cfrac{x}{x_s}\times100\ [\%]$$

*5 一般室内外的温湿度是变动的，为能对墙体内部的结露进行正确的判断，应对非稳定状态时的温湿度分布进行计算。不过这种计算并不是一个单纯的计算，所以大多都会对稳定状态时的结露进行判断。这时，对结露的估算会往往设定在一个安全的范围内。

②热流：

$$q = 0.447 [W/(m^2 \cdot K)] \times (20-0) [K] = 8.94 [W/m^2]$$

③各部位的温度与饱和绝对湿度：

根据公式（13.1），依次求出构成墙体的各层的边界面温度及饱和绝对湿度。其结果如表 13.4 所示。

内部结露的研究（墙体内部的温度及饱和绝对湿度的分布） **表 13.4**

层	边界面的温度［℃］		饱和绝对湿度［kg/kg（DA）］
室外	$=0$		0.003775
混凝土	①：$8.94=23 \times (\theta_1-0)$	$\Rightarrow \theta_1=0.4$	0.003886
隔热材料	②：$8.94=(1.4/0.1) \times (\theta_2-0.4)$	$\Rightarrow \theta_2=1.0$	0.004060
中空层	③：$8.94=(0.028/0.05) \times (\theta_3-1.0)$	$\Rightarrow \theta_3=17.0$	0.01213
胶合板	④：$8.94=(5/1) \times (\theta_4-17.0)$	$\Rightarrow \theta_4=18.8$	0.01362
室内	⑤：$8.94=(0.19/0.005) \times (\theta_5-18.8)$	$\Rightarrow \theta_5=19.2$	0.01397
	$=20$		0.01470

（2）求解墙体内的绝对湿度分布。

①传湿系数：

$$K' = \frac{1}{(1/7.5)+(0.1/0.00044)+(0.05/0.00064)+(1/1.7)+(0.005/0.00044)+(1/5)}$$
$$= 0.00315 [g/(m^2 \cdot s \cdot (kg/kg(DA)))]$$

②湿气流：

因外气的绝对湿度的条件是相对湿度为 50%，所以就是饱和绝对湿度约 50%，即 $0.003775 \times 0.5 = 0.001888$kg/kg（DA）。另外，室内的绝对湿度也一样，是 $0.01470 \times 0.5 = 0.007350$kg/kg（DA）。

湿气流的求解如下：

$$q' = 0.00315 [g/(m^2 \cdot s \cdot (kg/kg(DA)))] \times (0.00735-0.001888) [kg/kg(DA)]$$
$$= 1.72 \times 10^{-5} [g/(m^2 \cdot s)]$$

③各部位的绝对湿度

根据公式（13.5）依次求出构成墙体的各层的边界面绝对湿度。其结果如表 13.5 所示。

（3）对各部位的饱和绝对湿度与实际的绝对湿度进行比较。其结果如图 13.6 所示。可以看到在混凝土与隔热材料的边界部位内部结露的产生。

内部结露的研究（墙体内部的绝对湿度的分布） **表 13.5**

层	边界面的绝对湿度［kg/kg（DA）］	
室外	$=0.001888$	
混凝土	①：$1.72 \times 10^{-5}=7.5 \times (x_1-0.001888)$	$\Rightarrow x_1=0.001890$
隔热材料	②：$1.72 \times 10^{-5}=(0.00044/0.1) \times (x_2-0.001890)$	$\Rightarrow x_2=0.005799$
中空层	③：$1.72 \times 10^{-5}=(0.00064/0.05) \times (x_3-0.005799)$	$\Rightarrow x_3=0.007143$
胶合板	④：$1.72 \times 10^{-5}=(1.7/1) \times (x_4-0.007143)$	$\Rightarrow x_4=0.007153$
室内	⑤：$1.72 \times 10^{-5}=(0.00044/0.005) \times (x_5-0.007153)$	$\Rightarrow x_5=0.007348$
	$=0.0735$	

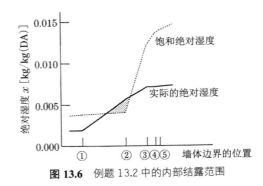

图 13.6 例题 13.2 中的内部结露范围

13.5 结露的防止与对策

13.5.1 壁橱表面结露

在住宅中经常会有壁橱表面上出现结露的现象，这是一个非常严重的问题。结露产生的原因[6]主要是：

①热气会造成室内与外气之间温度的不同（冬季，温度要低于室内）。另外，特别是在收纳物品的状态下空气流通差，会出现低温的部分。

②壁橱表面的湿气状态基本与室内相同（绝对湿度基本与室内相同）。

作为防止壁橱表面产生结露的方法，可以对上述的①加以考虑。

ⓐ壁橱的设置绝不能与外墙相靠。如果与外墙相邻，就应进行充分的（不违背常识）隔热处理。

ⓑ即使是收纳物品的状态，为保证空气流通良好应采用安装镂空竹条板等措施。

下面，对上述的②加以考虑。

ⓒ一般壁橱表面结露多发生在冬季的夜间。这是因为室内有来自居住者及取暖器具的水蒸气，所以湿度就会增大，以及壁橱的温度低等所致。如果这种情况一直保持不变，壁橱表面就会出现结露。但白天进行换气也十分有效。[7]例如即使夜间产生一些结露，但白天对室内和壁橱进行换气后湿度就会与外气相同，这样壁橱内就会干燥，每天的结露也就不会累积。

13.5.2 屋顶里层的结露

公寓的最上层及独户住宅屋顶部分的屋顶里层会出现结露。严重时还会有水珠滴落的声音。结露产生的原因是：

①热气会造成室内与外气之间温度的不同（冬季，温度要低于室内）。

②湿气状态基本与室内相同。

防止屋顶里层结露的方法为：

ⓐ如果屋顶进行了充分的隔热处理，那么屋顶里层的温度就接近于室温（如果对顶棚材料进行隔热处理，屋顶里层的温度就会接近于室外气温，从而促进结露的产生，所以应注意不可对对顶棚材料进行隔热处理）。

ⓑ对屋顶里层进行换气，使屋顶里层的绝对湿度接近于外气（但是，这时屋顶里层的温度就会与外气温度一致，热气就会减弱，所以就可以对顶棚材料进行隔热处理）。

[6] 如上所述，热移动与湿气移动的现象十分相似，但导热系数的高低与导湿系数的高低和所接触的材料大多没有一致性。因此，建筑材料内部的温度分布与绝对湿度分布并不相似，会有绝对湿度超过饱和绝对湿度的现象发生。

[7] 利用换气除去湿气对于防止结露是十分有效的。例如，住宅的厨房及浴室产生的蒸汽量很多，这类房间可以进行24小时的换气。这在第14章及第15章中有所论述。

13.5.3 窗户表面的结露

窗户表面出现轻微结露并没有什么害处。这时，可以设计结露接收器。但是，当结露出现在不应出现的窗户表面——如餐馆及瞭望台的窗面时，就应采取下述措施：

①窗户玻璃的传热系数小。亦即应采用复层玻璃及高隔热玻璃（Low-*e* 玻璃等）。[*9]

②应利用空调提高窗户的表面温度，如设法使空调暖风送风口排放的高温空气能够接触到窗户的表面等。

13.5.4 角隅部及热桥部位的结露

墙体各部位的温度并不一样。从冬季结露的角度考虑，即使是墙体，最初也会在温度低的部位出现结露，并产生霉斑。这种部位就叫做"角隅部"或"热桥部"（heat bridge）。

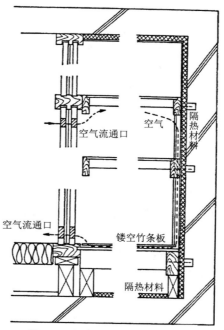

图 13.7 具有流通空气层的壁橱 [*8]

*8 利用聚乙烯薄膜等防湿层来防止结露大都十分有效。采用防湿层时，相比隔热材料应当设置在室内侧。如果设在室外侧就会促使结露的产生。另外，外装材料采用湿气不易透过的材料时，设置在其内侧的隔热材料就容易出现结露。这时，不仅要在隔热材料的室内侧设置防湿层，而且还要利用通气工法（在外装材料和隔热材料之间设置通气层将湿气排出的施工法）才会有效。另外为防止外气的流入，隔热材料与通气层之间还需设有透湿防水膜。
*9 单板普通玻璃的传热系数为 6W/（m²·K）。复层玻璃为 3W/（m²·K），而 Low-e 玻璃为 1.5W/（m²·K）。

图 13.8 外侧隔热屋顶例

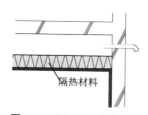

图 13.9 屋顶里层的换气例

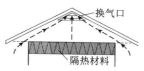

图 13.10 屋顶里层的换气例

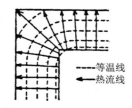

图 13.11 角隅部的 2 维热流

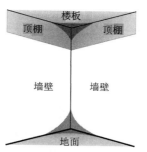

图 13.12 角隅部的结露例

图 13.13 冷热桥概念图

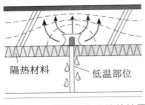

图 13.14 顶棚五金吊件的结露

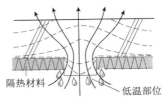

图 13.15 壁梁·壁柱的结露

◇ **练习题**

13.1 导出公式（13.3）。

13.2 在例题 13.1 中，当玻璃的导热系数为 0.1W/（m·K）时，其表面是否会产生结露？

13.3 对例题 13.2 的墙体中的隔热材料和中空层的边界（③的位置）贴有防潮膜（0.5mm）时的内部结露状态进行讨论。

13.4 对壁橱表面结露的原因与对策进行说明。

13.5 对外墙部的结露对策进行说明。

13.6 对屋顶里层的结露对策进行说明。

13.7 对热桥进行说明。

■ **参考文献**

1) 十河桜子·宮藤　章·近藤靖史ほか：住宅の換気計画·防湿計画の基礎資料としての調理時の水蒸気発生量，空気調和·衛生工学会論文集，**138**，2008.

COLUMN　隔热材料结露的加速形成

应对隔热材料中的结露特别加以注意。隔热材料一旦开始结露，内部就会充满水，其结果就会使隔热材料的导热系数增大。导热系数增大后会使隔热材料内的温度下降，加快结露的形成。

另外，在刚刚竣工的建筑物中运转空调时，风道的隔热材料出现结露的事例时有发生。这是因为刚刚竣工后会产生来自混凝土的水蒸气，并在进行空调送冷试运转系统的风道表面形成结露。冷风从风道内通过会使隔热材料内部形成低温，而且当包覆风道的隔热材料的防湿做得不充分时，就会加速结露的形成，并发生隔热材料被水浸的事故。

14. 换气·通风的基础理论

　　人的一生中有 80% 的时间都生活在室内，呼吸室内的空气，一天摄取约 20kg 的空气。也就是说，与食品及饮料相同，室内空气对人体的健康有很大的影响。本章将学习如何利用换气使室内空气处于一个洁净的状态。特别是对不采用人造能源而是利用可使室内环境保持在一个合理状态的自然换气及通风的基础理论进行详细的说明。

14.1　换气·通风与缝隙风

14.1.1　换气与通风

　　所谓"换气"（ventilation），就是以净化室内空气为主要目的而进行的室内外空气的交换，夏季的夜间以及春季、秋季等过渡期间因室内温湿度低可以改善室内温热环境。所谓"通风（cross-ventilation）"，就是将风引入室内，通过提高人体周围的风速增加凉爽感。不过并不能将两者严格区别开来，例如"自然换气"（natural ventilation）一词和"自然通风"一词也可以通用。此外，建筑物中还存在"缝隙风"[infiltration（进风），exfiltration（排风）]。缝隙风是指非人为干预的室内外空气的交换。

14.1.2　自然换气·机械换气·混合换气

　　换气大致可分为"自然换气"和"机械换气"（mechanical ventilation, forced ventilation）。为进行换气，应设有连接室内外及房间的门窗开口部及风道等的换气通道，并增加室内外空气的压力差。自然换气是利用室外的风压及室内外的温度差来增加室内外的压力差，而机械换气则是利用风机等增加压力差。最近，又出现一种集自然换气和机械换气特点的新概念——"混合换气"[*1]，并已有采用。

*1　参阅短评栏（COLUMN, p.132）

　　自然换气的驱动力是自然力，所以有助于建筑物的节能，但需要注意的是无法得到稳定的换气量。另外，供自然换气的开口部有时会引起缝隙风。机械换气可以得到稳定的换气量，如果送气口和排气口配置合理，就会在室内形成后面所述的"换气效率"[*2] 高的"流场（某一时刻气流运动的空间分布）"，但因驱动力是电力等人造能源，所以应当注意减少能源消耗。另外，风机因滤网网眼堵塞等会使其效率降低，还需在应用方面加以注意。混合换气是用机械换气来弥补自然换气换气量不稳定的一种换气系统，应将双效互补等运用于建筑方面。许多换气量主要都是依赖于自然换气，而且室内空气质量（IAQ, Indoor Air Quality）好，如果运用合理，就可有望实现节能。COLUMN（短评栏）中所列举的就是其具体的案例。

*2　参阅第 15、16 章。

14.1.3　密闭性与缝隙风

近年来，建筑物的气密性越来越好。这种气密性就是下述的 C 值，可用缝隙等效开口面积与地面面积之比表示：

$$C= 缝隙的等效开口面积 / 地面面积 [\text{cm}^2/\text{m}^2]$$

这个 C 值越小气密性能就越高。在"住宅的新一代节能标准"[1] 中，寒冷地带的标准值在 $2\text{cm}^2/\text{m}^2$ 以下，寒冷地带以外地域的必要性能为 $5\text{cm}^2/\text{m}^2$ 以下。上述的等效缝隙面积的值并不是通过测量缝隙面积后得出的，而是测出利用风机加压时的风量，这时从室内外的压力差就可以计算出有效缝隙面积。

近年来建筑物的气密性能不断提高，所以就有必要采用通过 24 小时换气系统有计划地对流通在住宅内的空气进行控制的"计划换气"，而且计划换气也便于实施。也就是说在气密性能好的建筑物中，只要按需求设计计划换气的路径就可以有效地发挥其作用；而在气密性能差的建筑物中，因换气路径的途中会有外气从缝隙处流入·流出，所以计划换气的效率很低。

COLUMN　混合换气

混合换气是指同时采用机械换气和自然换气的系统，可按季节或一天当中的时间段采用合理的控制方式对机械换气和自然换气进行切换或两者结合，以使能源消耗量减至最小限度。应当按照户外温湿度·风向·风速等条件，或室外噪声的强弱对门窗的开关等进行优化控制，是一个与周边环境和室内环境密切相关的换气系统。在图 14.1 所示的案例中，建筑物内建有竖井状的共享空间，这可以促进室内外的换气。双层通风幕墙（Double Skin Facade.）的外墙，不仅可以遮挡太阳辐射热还可以进行自然换气。该案例中的建筑是根据户外的温湿度、风向·风压·降雨等气象条件来控制自然换气窗，对自然换气和机械换气进行切换的。

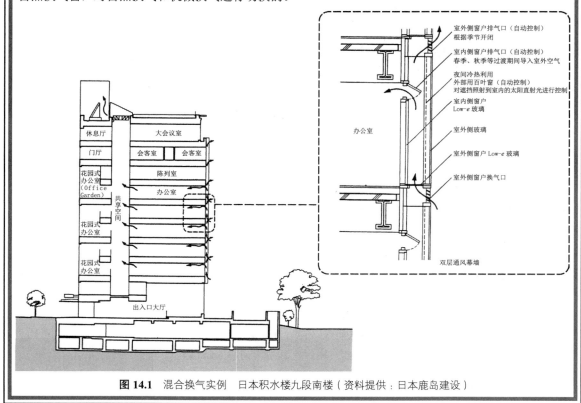

图 14.1　混合换气实例　日本积水楼九段南楼（资料提供：日本鹿岛建设）

14.2 风力换气与温度差换气

正如图1.2所示，自然换气的驱动力有以下2种。

①户外风施加在开口部位的压力（wind pressure）；

②室内外温度差形成的浮力施加在开口部位的压力［烟囱效果（stack effect）］。

一般利用户外风的自然换气的换气量变动很大，而利用室内外温度差的自然换气就可以得到比较稳定的换气量。另外应当注意的是，很多时候都是两者同时发挥作用，处于开口部位的压力既有叠加效应也有相抵效应。

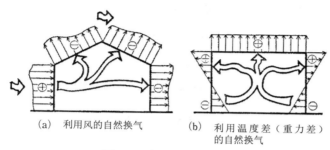

(a)　利用风的自然换气　　(b)　利用温度差（重力差）的自然换气

图14.2　自然换气的驱动力

14.3 流体力学的基本公式

a. 连续方程（质量守恒定律）

下面对图14.3中所示的空气流动的流管做一说明。如果横切流管的流体不存在，流管的上流侧设为断面①、下流侧为断面②，那么在稳定状态下不管断面的位置如何，单位时间通过的空气质量均相等，对此可用下述公式表示：

$$\rho v_1 A_1 = \rho v_2 A_2 \tag{14.1}$$

其中，ρ 表示空气的密度 $[\mathrm{kg/m^3}]$，v 表示流速 $[\mathrm{m/s}]$，A 表示截面积 $[\mathrm{m^2}]$。公式(14.1)称为"连续方程"（equation of continuity），连续方程是流管内的质量守恒定律，亦即连续方程是质量守恒定律在流体力学中的具体表述形式。

b. 伯努利方程（能量守恒定律）

下面以流管的管壁摩擦产生的能量没有损耗为前提，对流管内的能量收支做一说明。首先，看一下在图14.3中断面①的运动能量（$1/2 \cdot m_1 v_1^2$）。公式（14.1）中的左项表示通过的空气质量（m_1）。因此，运动能量就是 $1/2 \cdot (\rho v_1 A_1) v_1^2$。另外，在断面①上的位置能量（$m_1 gh_1$）即为 $(\rho v_1 A_1) gh_1$。压力（$P_1 A_1$）作用于在断面①上的流体流动方向，单位时间的移动距离为 v_1，所以该压力的做功就是 $P_1 A_1 v_1$。对于断面②的运动能量、位置能量、压力做功量的计算同断面①，而且正如上面所述如果摩擦产生的能量没有损耗，那么断面①中的全能量与断面②上的全能量相等。

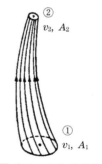

图14.3　空气的流管（连续方程）

$$\frac{1}{2}(\rho v_1 A_1) v_1^2 + (\rho v_1 A_1) gh_1 + P_1 A_1 v_1 = \frac{1}{2}(\rho v_2 A_2) v_2^2 + (\rho v_2 A_2) gh_2 + P_2 A_2 v_2$$

$$\tag{14.2}$$

公式（14.2）表示能量守恒定律。用连续方程将该式变形后即为

$$\frac{1}{2}\rho v_1{}^2 + \rho gh_1 + P_1 = \frac{1}{2}\rho v_2{}^2 + \rho gh_2 + P_2 \qquad (14.3)$$

该公式就是伯努利方程（Bernoulli's equation）。各项的指数为压力的指数
[Pa]。公式两边的第 1 项叫做动能（dynamic pressure）[速度压（velocity
pressure）]，第 2 项叫做重力势能，第 3 项叫做压力势能（static pressure），
动能＋压力势能为全压（total pressure）。上式中的压力势能是包含大气压 D_o
（ ≒ 1.0×10^5Pa）的绝对压（absolute pressure），其值比其他项都大。因此，
采用减去压力势能在同一高度的大气压后的所得值[3] 往往更为方便。绝对压的压
力势能 P 和大气压标准的压力势能 p 的关系为

[3] 称作"大气压标准的压力势能"

$$P = p - (D_o - \rho_o gh)$$

将其带入公式（14.3），即为

$$\frac{1}{2}\rho v_1{}^2 + (\rho - \rho_o)gh_1 + p_1 = \frac{1}{2}\rho v_2{}^2 + (\rho - \rho_o)gh_2 + p_2 \qquad (14.4)$$

14.4 压力损失

伯努利方程中可以忽略摩擦，但实际上固体墙面和空气间会产生摩擦，当空
气的气流处于湍流状态（turbulence）时就会产生空气中的压力损失（pressure
drop, pressure loss）。

图 14.4 所示示例表示风道类的压力损失和压力分布。所有点的高度均相同，
这里可以忽略重力势能。设定点 1 位于室内，大气压标准压力势能为负值。另外，
因点 1 为静稳状态、动能为 0，所以压力势能（图中②所示线）和全压（图中①
所示线）就相等。从点 1 向 a 流动，空气的流动就会形成压缩流，并产生压力损
失。其结果点 a 的全压就低于点 1 的全压。此外，因会产生空气的流动，所以就
会产生动能。结果，点 a 的压力势能与点 1 的压力势能相比动能和压力损失就会
大大降低。如果从点 a 向点 b 流动，风道壁处产生的摩擦就会使全压下降。因流
速是一定的，所以压力势能就不会下降。在点 b 处就会产生缩流，并造成压力损失。
点 b 和点 c 间的流速比点 a 和点 b 间大，所以动能也就大。而且因点 b 和点 c 间

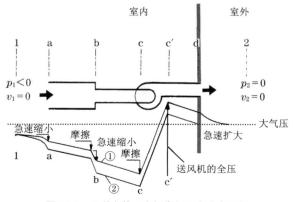

图 14.4 风道类的压力损失与压力分布示例
线段①表示全压，线段②表示压力势能。①和②之差为动能。

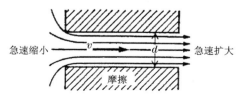

图 14.5 开口部位流动示意图

的风道直径要比点 a 和点 b 间小，所以风道壁处的摩擦损失就大。在点 c 至点 c' 之间设有送风机，通过送风机可以增加压力。点 c' 至点 d 之间也存在摩擦产生的压力势能损失。点 d 处大气开放，压力势能为 0，但剩有动能。在风速为 0 的点 2 处，动能也为 0。

在建筑换气设计阶段考虑的压力损失主要是以窗户等开口部位为对象的。图 14.5 所示为开口部位流动示意图，这样就会出现 3 种压力损失，即在开口部位上流侧急速缩小引起的压力损失、在开口部位的摩擦引起的压力损失、下流侧急速扩大引起的压力损失。将这些进行整理后，压力损失 Δp 可用下式表示：

$$\Delta p = \xi \frac{\rho}{2} v^2 \tag{14.5}$$

其中，ξ 是开口部位的压力损失系数 [-]。压力损失与流速的 2 次方成正比。

14.5 开口部位的流量系数

若从其他角度来看公式（14.5），相当于 Δp 的压力若与开口部位有关，就会产生风速 v，表示换气时的状态。即可以考虑采用将公式（14.5）变形后的下述公式：

$$v = \sqrt{\frac{2}{\xi \cdot \rho} \Delta p} = \alpha \sqrt{\frac{2}{\rho} \Delta p} \tag{14.6}$$

其中，$\alpha = \sqrt{1/\xi}$，称作开口部的流量系数（airflow coefficient）[-]。一般窗户等的流量系数为 0.7。另外，通过开口部的风量 Q 用下述公式求出。

$$Q = A \cdot v = \alpha \cdot A \sqrt{\frac{2}{\rho} \Delta p} \tag{14.7}$$

其中，A 表示开口面积 [m²]。$\alpha \cdot A$ 称作有效开口面积（equivalent area of openings）。如果用下述方法求压力差 Δp，就可以计算换气量。

一般进行换气的空间都设有多个的开口，根据开口与空气流动的状态可分为两种类型，即并列结合与直列结合。

下面表示的是结合后的有效开口面积 $(\overline{\alpha \cdot A})$ 的计算方法。

a. 并列结合的有效开口面积

各开口的上流侧与下流侧的压力差相同，另外因通过的风量与通过各开口的风量和相等，所以下式成立：

$$Q = Q_1 + Q_2 = \alpha_1 \cdot A_1 \sqrt{\frac{2}{\rho} \Delta p} + \alpha_2 \cdot A_2 \sqrt{\frac{2}{\rho} \Delta p} = \overline{\alpha \cdot A} \sqrt{\frac{2}{\rho} \Delta p}$$

因此，并列结合的有效开口面积可用下式表示：

$$\overline{\alpha \cdot A} = \alpha_1 \cdot A_1 + \alpha_2 \cdot A_2 \tag{14.8}$$

b. 直列结合的有效开口面积

通过各开口的风量相同，而且如果各开口的上流侧与下流侧的压力差之和为整个压力差时，下式成立：

$$\Delta p = \Delta p_1 + \Delta p_2 = \left(\frac{Q}{\alpha_1 \cdot A_1}\right)^2 \frac{\rho}{2} + \left(\frac{Q}{\alpha_2 \cdot A_2}\right)^2 \frac{\rho}{2} = \left(\frac{Q}{\overline{\alpha \cdot A}}\right)^2 \frac{\rho}{2}$$

（a）并联

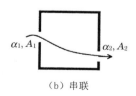

（b）串联

图 14.6 开口的并联与串联

因此，直列结合的有效开口面积可用下式表示：

$$\left(\frac{1}{\alpha \cdot A}\right)^2 = \left(\frac{1}{\alpha_1 \cdot A_1}\right)^2 + \left(\frac{1}{\alpha_2 \cdot A_2}\right)^2 \tag{14.9}$$

14.6 风力换气时的换气量

外部风压引起的换气就称为"风力换气"。下面对风力换气时的换气量（ventilation rate）的计算方法做一说明。外部风 v_ω 对外墙及屋面的风压用下述公式表示：

$$p_w = C_w \cdot \frac{\rho}{2} v_w^2 \tag{14.10}$$

其中，C_ω 称为"风压系数"（wind pressure coefficient），图 14.7 所示为其例。风压系数可根据实验等求出。

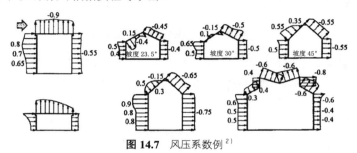

图 14.7 风压系数例[2]

【**例题 14.1**】 求解出图 14.7 所示状况的换气量。

［解］ 这时，风力换气时的换气量可按下述顺序计算。

（1）有效开口面积的计算［公式（14.9）］

$$\left(\frac{1}{\alpha \cdot A}\right)^2 = \left(\frac{1}{0.7 \times 5}\right)^2 + \left(\frac{1}{0.7 \times 5}\right)^2 \qquad \therefore \overline{\alpha \cdot A} = 2.48 \text{ [m}^2\text{]}$$

（2）压力差的计算［公式（14.10）］

这时，设从开口②流入，从开口①流出，开口 1 处为负压，开口 2 处为正压。图 14.8 中的点②和点①的压力差用下述公式求出：

$$\Delta p_w = p_{w2} - p_{w1} = C_{w2} \cdot \frac{\rho}{2} v_w^2 - C_{w1} \cdot \frac{\rho}{2} v_w^2$$

$$= 0.5 \frac{1.2}{2} 2^2 - \left(-0.4 \frac{1.2}{2} 2^2\right) = 2.16 \text{ [Pa]}$$

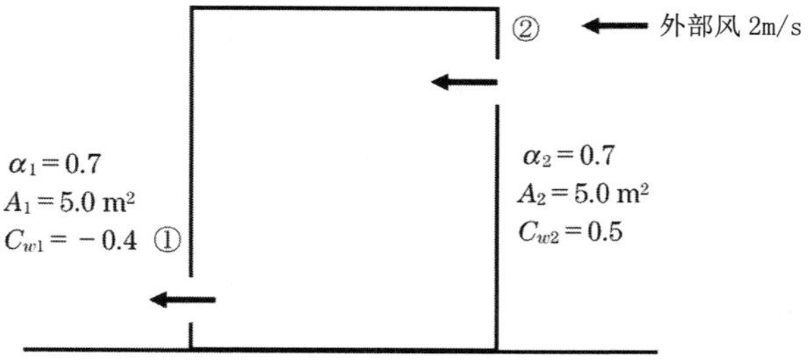

② ← 外部风 2m/s

$\alpha_1 = 0.7$
$A_1 = 5.0 \text{ m}^2$
$C_{w1} = -0.4$ ①

$\alpha_2 = 0.7$
$A_2 = 5.0 \text{ m}^2$
$C_{w2} = 0.5$

图 14.8 风力换气时

*[4] 换气量多用单位时间值表示。另外，也有采用室容积除换气量的换气次数［次 /h］的。例如，在换气次数 0.5［次 /h］的房间中，每隔 2 小时室内空气与室外新鲜空气进行一次交换。

（3）换气量的计算 *[4]［公式（14.7）］

$$Q = \overline{\alpha \cdot A} \sqrt{\frac{2}{\rho} \Delta p_w} = 2.48 \sqrt{\frac{2}{1.2} \times 2.16} = 4.7 \text{ [m}^3\text{/s]} = 16920 \text{ [m}^3\text{/h]}$$

14.7　温度差换气与中性带

温度差换气的驱动力是空气的密度,空气的密度可用下式所示的温度函数表示:

$$\rho = \frac{353.25}{T} = \frac{353.25}{\theta + 273.15} \ [\mathrm{kg/m^3}] \tag{14.11}$$

这时,若设外气的密度为 ρ_o、室内空气的密度为 ρ_i、室内地面的压力为大气压标准的压力势能,室内高度 h 的大气压标准压力势能用下式表示:

$$p_i = p_{i0} + (\rho_o - \rho_i) \cdot h \cdot g \tag{14.12}$$

正如图 14.9 所示,室内外压差在 0 的位置,我们将其称为"中性带"(neutral zone)。冬季室外空气从中性带的下部流入,室内空气从上部流出。

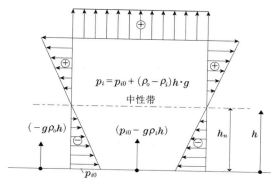

图 14.9　温度差换气与中性带

14.8　温度差换气时的换气量

由室内外温度差产生的浮力(buoyancy)为驱动力的换气称为"温度差换气",或"重力换气(也叫"浮力换气")"。浮力产生的压力差用下述公式表示:

$$\Delta p_h = (\rho_o - \rho_i) \cdot h \cdot g \tag{14.13}$$

其中, ρ_o 为外气的密度, ρ_i 为室内空气的密度, h 为开口的平均高度。

【例题 14.2】　计算出图 14.10 所示状态时的换气量。

〔解〕 (1)有效开口面积的计算(同例题 14.1)

$$\overline{\alpha \cdot A} = 2.48 \ [\mathrm{m^2}]$$

(2)计算压力差〔公式(14.13)〕

这时,开口 2 处的浮力要大于开口 1 处的浮力,这个差对温度差换气来说就是有效的压力差。

$$\begin{aligned} \Delta p_h &= \Delta p_{h2} - \Delta p_{h1} = (1.29 - 1.20) \times 8.5 \times 9.8 - (1.29 - 1.20) \times 1.5 \times 9.8 \\ &= 6.17 \ [\mathrm{Pa}] \end{aligned}$$

(3)计算换气量〔公式(14.7)〕[5]

$$Q = \overline{\alpha \cdot A} \sqrt{\frac{2}{\rho} \Delta p_h} = 2.48 \sqrt{\frac{2}{1.2} \times 6.17} = 8.0 \ [\mathrm{m^3/s}] = 28800 \ [\mathrm{m^3/h}]$$

[5]　公式(14.13)中 p_o 和 p_i 应保留 2 位小数,公式(14.7)中的 ρ 可为 $1.2\mathrm{kg/m^3}$(恒定)。

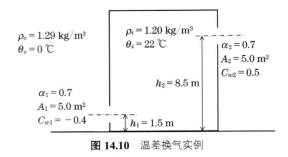

图 14.10　温差换气实例

14.9　自然换气计划

14.9.1　自然换气的驱动力

　　自然换气的驱动力是风力和重力（浮力）。当采用风力为驱动力时，来自室外的自然风从迎风侧吹入，从逆风侧排出。这时正如后面所述的那样，换气量受外部条件和建筑物及开口部位形状等的影响就会很大。另一方面，当采用利用建筑物内外的温度差，即空气的密度差引起的重力（浮力）时，室外空气就会从下部的开口处流入，从上部的开口处流出。在这种情况下，上部和下部开口的水平高差和建筑物内外的温度差越大，换气量就越大，这种现象就被称为"烟囱效应"。

14.9.2　气象数据等的信息收集

　　在对自然换气进行规划时，首先应对建筑用地的周边状况进行调研。特别是作为气象条件，了解进行自然换气期间的外气温度以及盛行风·风速是十分重要的。当无法得到建筑用地周边的气象数据时，可以参考《理科年表》（丸善）及空气调和·卫生工学会编写的《标准气象数据》等资料。另外，还应对建筑用地周边建有大型建筑物或建筑物分布十分密集等因素加以考虑。当有道路噪声等问题时，应事先对自然换气窗是否符合室内噪声环境标准进行确认。

14.9.3　用于自然换气的开口配置计划

　　当采用风力换气时，应在迎风侧和逆风侧设置合适的开口。根据建筑物的形状及风向，作用于各外墙的风压的分布如图 14.7 所示，在风压大的位置设置门窗开口会增加换气量。利用盛行风，采用有利于将风导入的最佳形状也是十分有效的。此外当采用重力（浮力）换气时，应制定相关规划以能尽量确保上下开口的水平高差。根据需要有计划地配置捕风塔，利用太阳辐射热使采光中庭（采光井）等共享空间的上部温度升高，以提高烟囱效果。

　　换气开口的面积应能满足下述中所要求的换气量。开口的形状应尽量采用减少阻力、促进换气的形状。对于防雨·防虫等可另行考虑。

14.9.4　确保建筑物内部的换气路径

　　为使新鲜空气能够顺利地到达居住区域，应对换气路径进行规划。但是，户外风的变化很大，会出现瞬时强风造成的危害，如担心书籍被风吹坏。为此，可在室内居住区域的上部设置换气窗，作为内撑窗可以使户外风得到有效的缓和。另外，房间与房间之间、房间与走廊之间也可以通过拉门、拉窗的隔扇上部采光等确保换气路径的畅通。自然换气有偏于换气场所好和坏的倾向。特别是为防止成为污染物浓度高的房间应设法设置换气窗。当采用浮力换气时，将共享空间等作为换气路径也十分有效。

14.9.5　换气量的测算

从某种程度上讲，基本计划进行到某一时点时，就应对究竟得到多少换气量进行推算。作为测算工具，有换气线路网模型等。如果与标准气象数据结合，就可以测算出所需期间的换气量。另外，当担心污染物滞留时，还可以采用上述的数值流体解析（CFD）[6]对污染物浓度分布进行研究。

[6] 参见第 16 章。

COLUMN　风的路径

　　日本的很多城市都位于沿海地区，各地区着眼于其特有的海风、山风，对利用河川等形成的"风的路径"进行了全面的推广，即通过"风的路径"使城市及街区能够更好的通风。例如，图 14.11 所示为福冈市的测温结果。因河川沿岸的气温比道路沿线要低，所以便以河川为"风的路径"例。另外在利用河川时，所提方案应考虑到季节因素并应经过实验的检验。图 14.12 是夏季积极地将海风引入住宅区，冬季阻止寒风流入住宅区的住宅配置案例。

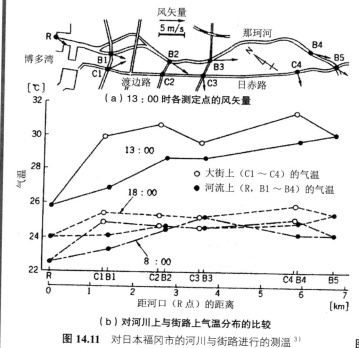

（a）13：00 时各测定点的风矢量

（b）对河川上与街路上气温分布的比较

图 14.11　对日本福冈市的河川与街路进行的测温 [3]

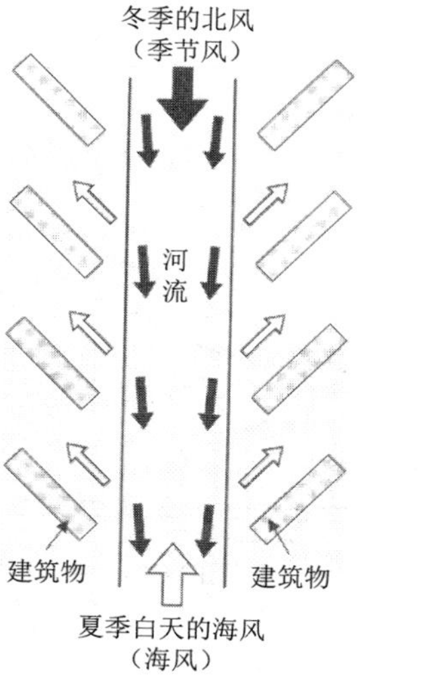

图 14.12　通过对沿河建筑物进行合理的布局实现选择性的引入河风 [4] 示意图

14.9.6　自然换气案例

　　图 4.13 中所示的是一个采用导入自然换气，削减春季、秋季等过渡期间空调能源的写字楼案例。在写字楼的中央是一个采光中庭，这个共享空间不仅是自然换气的换气路径，而且还可以加强换气。采光中庭的顶部接受负风压，可将采光中庭中的空气吸到楼外。另外中庭本身具有烟囱效果，即使没有风时也可以加强办公室内的换气。图 14.14 是一个安装有检测器的体育馆案例。通过来自地板下的室外空气，可以实现大空间的自然换气。

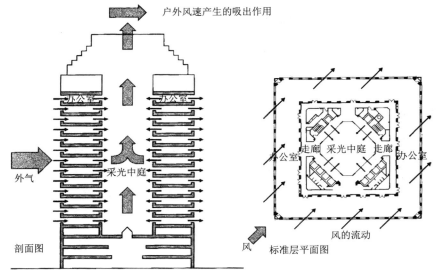

图 14.13　自然换气例（1）日本新潟县厅行政厅楼（资料提供：日建设计）
利用采光中庭上层与下层的压力差对办公室进行换气。

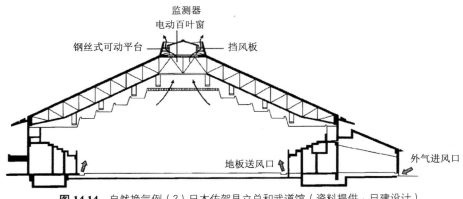

图 14.14　自然换气例（2）日本佐贺县立总和武道馆（资料提供：日建设计）

◇ 练习题

14.1 对换气与通风的不同进行论述。

14.2 对气密性能 C 值进行说明。

14.3 对自然换气的驱动力进行说明。

14.4 对连续方程的定义做一说明。

14.5 对伯努利方程的定义做一说明。

14.6 对动能（速度压）与压力势能做一说明。

14.7 对门窗开口的流量系数和有效开口面积的关系做一说明。

14.8 对风压系数做一说明。

14.9 求解图 14.8 中所示风压和图 14.10 中所示重力（浮力）同时作用时的换气路径和换气量。

14.10 对采用自然换气或混合换气的建筑物进行调研，并对其优缺点进行说明。

■ 参考文献

1) 住宅に係るエネルギー使用の合理化に関する建築主の判断の基準，平成 11 年通商産業省・建設省告示第 2 号，2001.
2) 石原正雄：建築換気設計，朝倉書店，1969.
3) 片山忠久・石井昭夫ほか：海岸都市における河川の暑熱緩和効果に関する調査研究，日本建築学会計画系論文報告集，**418**，pp.1-9，1990.
4) 成田健一：都市内河川の微気象的影響範囲に及ぼす周辺建物配置の影響に関する風洞実験，日本建築学会計画系論文報告集，**442**，pp.27-35，1992.

15. 机械换气计划

我们在第 4 章中学习了通风的基础理论和自然换气。自然换气不是采用人造能源，具有节能性，但很难得到稳定的换气量。相反，机械换气容易得到稳定的换气量，若是采取有效的换气方式，将能源消耗量降至最低，就会形成一个舒适、健康的室内空气环境。本章学习的内容为：换气的目的及必要换气量的计算方法、换气效率的评价指标。

15.1　换气的目的

正如第 5 章中所示，换气的目的有以下几种。

①室内空气的净化　　　　②除热　　　　　　　③提供氧气
④去除水蒸气（防止结露）　⑤去除臭氧　　　　⑥去除有害气体

房间的用途与换气的目的例　　　　　　　　　　　　表 15.1

房间用途	换气的目的（对应于上述符号）
普通起居室	①、②、③
厨房	②、④、⑤、⑥
浴室	④
卫生间	⑤
车库	⑥
机房·电气室	②

15.2　机械换气系统的种类

对于居住者来说，为营造健康的空气环境应建立合适的换气系统。表 15.2 表示换气系统的分类。当采用机械进行换气时，就应对后面所述的换气效率加以考虑，努力提供一个尽量不消耗能源、健康的空气环境。

机械换气的分类　　　　　　　　　　　　　　　　表 15.2

换气方式	第 1 种机械换气	第 2 种机械换气	第 3 种机械换气
系统图			
压力状态	来自风量的正压或负压	来自大气的正压 ⊕	来自大气的负压 ⊖
特征与适用	确保一定的换气量 大型换气装置 大型空气调节装置	不允许污染空气流入 无菌室（手术室等） 小型空气调节装置	污染空气不得排向别处 污染室（传染病房、盥洗间、涂装室等）

15.3 必要换气量的计算

正如在第 5 章中所论述的，在对换气进行计划时，应事先对必要的换气量 (required ventilation rate) 计算[*1]。在计算换气量时，一般都假设室内为完全混合状态 (perfact mixing)。这也被称作瞬时相同扩散，是指在空间任何地方污染物 (contaminant) 的浓度扩散都相同。当要预测室内的平均大气污染物浓度时，为便于计算可假设为完全混合状态。如某房间内的大气污染物发生量 M[m³/h]，其大气污染物的允许浓度为 C_i[m³/m³]、进入室内的外气浓度为 C_o[m³/m³] 时，假设完全混合状态的必要的换气量 Q[m³/h] 可用下述公式计算：

$$Q = \frac{M}{C_i - C_o} \qquad (15.1)$$

在计算必要换气量时，通常可以使用该公式。在 SHASE S1-02-1997[1)] 规范中规定，用该公式可以计算出所预测大气污染物的必要换气量，并将其中的最大必要发生量作为设计上的必要换气量。表 15.3 列出了对按主要原因划分的必要换气量进行计算的公式。[*2]

*1 在日本，通常都将 [m³/h] 作为换气量单位。也有将其写作 [CMH] 的。若用英文来表示 [m³/h]，就是 Cubic Meter pe Hour。例如，当表现平均地面面积的必要换气量时，若用 m³/(h·m²)=m/h 表示，就是速度单位。容易造成误解。相反，若用 CMH/m² 表示，就不会产生误解。

*2 "必要换气量"是日本《建筑标准法》等规定的标准值。而且必须换气的所有原因都应当满足必要换气量。特别是那些需要大换气量的房间，如人员密度大的剧场·电影院、产生异味的食品卖场，或产生热量·水蒸气·臭气的餐馆厨房等。

必要换气量 [m³/h] 的计算公式 表 15.3

主要原因	计算公式	符号·单位
大气污染物 [ppm]*	$Q = \dfrac{M}{(C_i - C_o) \times 10^{-6}}$	M：大气污染物发生量 [m³/h] C_i：室内的允许大气污染物浓度 [ppm] C_o：进入室内的外气允许大气污染物浓度 [ppm]
热**	$Q = \dfrac{3 \times H}{(\theta_i - \theta_o)}$	H：发生热量 [W] θ_i：室内的允许温度 [℃] θ_o：进入室内的外气允许温度 [℃]
湿气	$Q = \dfrac{W}{\rho \times (x_i - x_o)}$	W：水蒸气发生量 [kg/h] ρ：空气密度 [kg/m³] (=1.2) x_i：室内的允许绝对湿度 [kg/kg (DA)] x_o：进入室内的绝对湿度 [kg/kg (DA)]
粉尘 [mg/m³]	$Q = \dfrac{D}{C_i - C_o}$	D：粉尘发生量 [mg/(m³·h)] C_i：室内的允许粉尘浓度 [mg/m³] C_o：进入室内的外气粉尘浓度 [mg/m³]

* parts per million 的缩写，表示百万分之一。因百分比 [%] 是百分之一，所以 1000ppm 即与 0.1% 相同。另外，大气污染物浓度可用重量浓度 [kg/kg] 或体积浓度 [m³/m³] 表示。当考虑换气时，采用体积浓度。

** 当在室内发生的热量 H 被换气量 Q 除时，下述公式成立：

$$H = c_P \cdot \rho \cdot Q \cdot (\theta_i - \theta_o)$$
$$= 1.0 \, [\text{kJ/(kg·K)}] \times 1.2 \, [\text{kg/m}^3] \times Q \, [\text{m}^3/\text{h}] \times (\theta_i - \theta_o) \, [\text{K}]$$
$$= 1.2 \, [\text{kJ/(m}^3 \cdot \text{K)}] \times Q \, [\text{m}^3/\text{h}] \times (\theta_i - \theta_o) \, [\text{K}]$$
$$= 1200 \, [\text{J/(m}^3 \cdot \text{K)}] \times (Q \div 3600) \, [\text{m}^3/\text{s}] \times (\theta_i - \theta_o) \, [\text{K}]$$
$$= 1200 \div 3600 \, [\text{W/(m}^3 \cdot \text{K)}] \times Q \, [\text{m}^3/\text{s}] \times (\theta_i - \theta_o) \, [\text{K}] \qquad (\because [\text{W}] = [\text{J/s}])$$
$$= \frac{1}{3} \times Q \times (\theta_i - \theta_o) \, [\text{W}]$$

将其变形后就是表 15.3。用该公式表现的数值 3 的单位为 [(m³·K)/(W·h)]。

15.4　换气效率

在上节中按假设条件为完全混合状态来计算必要换气量的。但是，有很多都不一定是完全混合状态的，而且通常一旦出现大气污染物，大气污染物就会通过这种空气的流动徐徐扩散，在室内形成大气污染物浓度的空间分布。现在已出现利用这种浓度的空间分布进行换气的系统。如图 15.1 所示，室内的空气中包括刚进入的新鲜空气和长时间滞留并逐渐受到污染的空气。对这些空气进行的不同处理就是换气效率（ventilation efficiency，ventilation effectiveness）。下面就是换气效率的代表例。

图 15.1　新鲜空气与陈旧空气（空气龄的概念）[2]

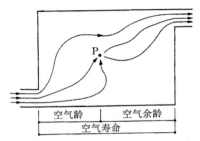

图 15.2　空气龄・空气余龄・空气寿命
概要

15.4.1　空气龄、空气余龄、空气寿命

换气的基本概念有以下两种：

①顺畅地向所需之处提供新鲜空气。

②迅速排除所产生的大气污染物。

对此，可像图 15.2 所示，各设 1 个进风口和排风口。这时，从进风口送入的新鲜空气到达某点 P 的滞留时间就称作"空气龄"（age of air），当在点 P 处呼吸时，空气龄小就可以呼吸到更为新鲜的空气。从点 P 到排风口的滞留时间称作"空气余龄"（residuallife time of air）。例如，当点 P 为大气污染物产生点时，空气龄小大气污染物就可以更快的排出。空气龄和空气余龄的合计称作"空气寿命"（residence time of air）。空气龄可以通过示踪气体测定。另外，还可以利用计算机的数字流体解析（CFD）详细地对这些换气效率指标进行预测。在第 16 章中，将介绍一些实际案例。

15.4.2　标准和居住区域浓度

如上所述，在规范 SHASE S102-1997 中，规定了按假设条件为完全混合状态时的必要换气量［公式（15.1）］，进而因非完全混合状态时居住区的浓度而使必要换气量发生增减。首先，作为假设居住区中的大气污染物浓度和完全混合状态中的浓度之比所定义的标准化居住区浓度（normalized concentration of occupied zone）可用公式（15.2）进行计算。

$$C_n = \frac{C_a - C_o}{C_p - C_o} \tag{15.2}$$

其中，C_n：标准化居住区浓度 [-]，C_o：摄取外气的大气污染物浓度 [m³/m³]，

C_a：实际的居住区平均大气污染物浓度 $[m^3/m^3]$，C_p：假设条件为完全混合状态时的大气污染物浓度 $[m^3/m^3]$ $[=M/Q+C_o]$。标准化居住区浓度小于 1.0 时，就可以减少必要换气量。也就是说，公式（15.3）的值是设计上的必要换气量（$Q_{designrd}$）。

$$Q_{designed} = Q \times C_n \qquad (15.3)$$

15.5　全面换气·局部换气与置换换气

下面，让我们考虑一下换气效率，并根据大气污染物的种类、发生量、发生位置等对全面换气（general ventilation）或局部换气（local ventilation）加以选择。正如图 15.3 所示，所谓全面换气，是指室内空气经外气稀释（dilution）并被替换的排气方式，通常被用于住宅中的房间和写字楼中的工作室等。而局部换气则是指将工厂及厨房等局部发生的大气污染物、热气等排出室外的一种换气方式。局部换气包括利用抽油烟机等排风罩的局部排风（local exhaust）及利用 Push-Pull 型换气装置的局部送排风。

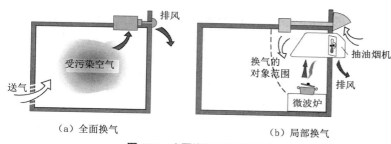

（a）全面换气　　　　　　　（b）局部换气

图 15.3　全面换气与局部换气概要

另外，当伴有大气污染物发生源放热时，采用置换换气方式（displacement ventilation）十分有效。图 15.4 表示该方式，是利用来自大气污染物发生源的上升热气流（thermal plume），通过低风速（0.5m/s）将成团的上升热气流排出。一般往往在空间的上下产生温度分布，这种温度的分布随高度变化的状况就叫做"温度成层（温度梯度）"（thermal stratification）。这种方式的换气效果好，只要上升热气流不散开，居住者就很少会置身于大气污染物中。但是，这种方式的前提条件是顶棚需具有一定的高度，而且为保证能以低风速送风，其排风口的面积就应当非常的大。[3]

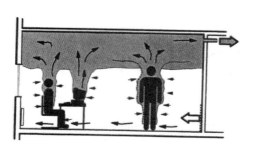
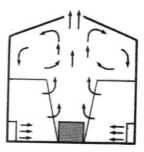

（a）普通办公室[3]　　　　　　　（b）工厂等大空间[4]

图 15.4　置换换气系统概要

15.6 换气量·换气效率的测定

15.6.1 换气量的测定

代表性的换气量测定方法有以下 3 种：

①使室内稳定地发生示踪气体（tracer gas），其发生量 $M[\mathrm{m^3/h}]$ 在外气进入口的浓度 $C_o[\mathrm{m^3/m^3}]$ 和来自排气浓度 $C_e[\mathrm{m^3/m^3}]$ 的换气量 $Q[\mathrm{m^3/h}]$ 可用公式（15.4）求出。

$$Q = \frac{M}{C_e - C_o} \tag{15.4}$$

②用电风扇等使室内的示踪气体均匀分布后开始进行换气，用浓度测量仪跟踪其浓度衰减，用公式（15.5）就可以求出换气量。浓度衰减可参照第 16 章。

$$Q = \frac{V}{t} \cdot \log\left(\frac{C_i - C_o}{C_r - C_o}\right) \tag{15.5}$$

其中，V：房间容积 $[\mathrm{m^3}]$，t：经过时间 $[\mathrm{s}]$，C_i：初期浓度 $[\mathrm{m^3/m^3}]$，C_o：外气进入口浓度 $[\mathrm{m^3/m^3}]$，C_r：室内浓度 $[\mathrm{m^3/m^3}]$。公式（15.5）可从公式（16.2）求得。浓度衰减可参照第 16 章。

③根据引入外气的风管管内的风速测定值，推算出风管内的通风量。

除此之外，还有从排风口的压力损失推算排风量的方法等，以及对瞬间发生示踪气体所产生换气量进行测定的方法。[*3] 示踪气体可用二氧化碳、六氟化硫（SF_6）、乙烯等。[*4] 也有将人体呼出的二氧化碳发生量作为示踪气体，对换气量进行计算的。

15.6.2 空气龄的测定

空气龄是从进风口送入的新鲜空气到达某点 P 的滞留时间。若来自进风口的新鲜空气到达 P 点的路径一定就简单了，但在现实中并非如此，正如图 15.2 所示，从进风口到 P 点有多条路径。有的路径最短，很快就能到达 P 点；有的需要绕道，花费的时间就长。因此正如图 15.5 中所示，从进风口送入的新鲜空气到达 P 点的时间就会有一定的幅度。对此，通过概率·统计的计算就可以求出平均空气龄。

具体可以通过利用示踪气体的上升法（step up method）和下降法（step down method）两种方法，求得平均空气龄（$\overline{\tau_p}$）。[*5]

①上升法：从某一时刻开始将定量的示踪气体连续注入进风口，根据室内浓度上升求出平均空气龄。

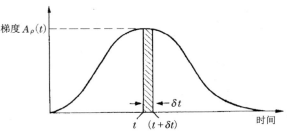

图 15.5 来自进风口的空气到达某点 P 的时间梯度的分布
（空气到达的平均时间：平均空气龄 $\overline{\tau_p}$）

[*3] 在空气调和‐卫生工程学会规范 SHASE-S116-2003《采用示踪气体的单一空间换气量测定法》中，对使示踪气体瞬间发生的脉冲法、使示踪气体连续发生的方法，以及使示踪气体的发生量能够保持室内浓度稳定的方法等进行了说明。

[*4] 应当注意的是，示踪气体中有地球暖化系数大的气体及易燃性气体。

[*5] 在空气调节‐卫生工程学会规范 SHASE-S116-2003 附录中，介绍了采用 PFT 法（Pertluorocarbon tracer-gans technique）的局部平均空气龄以及时间平均换气量的测定法。是一种在 PFT 法中用全氟代烃（PFC）（饱和碳氢化合物中的氢完全被氟置换）作为示踪气体，被动地对气体的发生与浓度进行测量的方法。将可使气体发生的长约 40mm 的扩散膜和活性炭托盘构成的小型被动采样器置于房间各处并搁置 10 天以上，根据被动吸附的示踪气体量来测量局部平均空气龄及时间平均换气量。

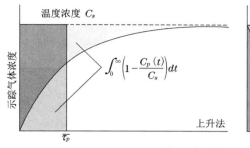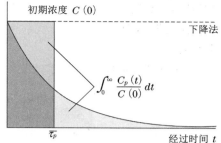

图 15.6 上升法和下降法的浓度变化与空气龄的关系

②下降法：将示踪气体注入进风口，当在某一时间室内浓度达到相同时即停止注入。用测量仪跟踪浓度衰减，通过对室内浓度衰减的计算，求得平均空气龄。

图 15.6 表示各方法中平均空气龄的求解方法。无论是上升法，还是下降法，浓度变化曲线中 2 个领域面积相同时的时间点就是平均空气龄。

15.7　机械换气计划

进行机械换气时，因假设条件并不是完全混合状态，所以处理的方式有所不同。通常写字楼中的工作室是利用空调系统进行换气的，用于空调机再循环的空气交换频繁时室内大气污染物浓度就大，接近于完全混合状态。这时就应进行规划，以能满足用上述公式（15.1）计算得出的必要换气量。另一方面，对并非完全混合状态的共享空间、剧场、体育馆、大教堂等穹顶建筑、工厂等大空间应考虑到换气效率并进行有效的换气是十分重要的。在这样的空间里，向居住区进行局部换气与对整个空间进行换气相比，可以实现极大的节能。

无论采用哪种机械换气方式，摄入的外气质量都至关重要。当建筑物周边的大气被污染时，这样的空气进入室内后，室内空气质量也不会是优良的。当建筑物位于交通流量大的道路旁时，应特别加以注意。应根据需要对空气质量进行调查，并按不同情况导入经过处理的空气。此外，还应对外气摄入的场所加以考虑。另一方面，也有因建筑物造成大气污染的，如室内的空调，以及热源设施在消耗石油·燃气等时，排放的废气被扩散到大气中。

◇ 练习题

15.1 举出 4 种以上的换气目的。

15.2 对第 1 种机械换气系统是一种什么样的系统做一说明。

15.3 一般对室内负压的换气系统应如何称呼？

15.4 对室内空气的完全混合是一种什么样的状态做一说明。

15.5 室内 1kW 的产热量，外气温度 20℃。求解室内 30℃以下时的必要换气量应为多少？

15.6 室内发生 0.2kg/h 的水蒸气，外气的绝对湿度为 0.004kg/kg（DA）。另外，窗户的表面温度为 15℃，其表面的饱和绝对湿度为 0.01065kg/kg（DA）（参照卷末附表 3）。请问，为防止窗面结露，必要换气量应为多少？

15.7 对空气龄·空气余龄·空气寿命进行说明。

15.8 对标准化居住区浓度进行说明。

15.9 对全面换气与局部换气进行说明。

15.10 对置换换气进行说明。

15.11 对空气龄的测定方法概要进行说明。

■ 参考文献

1) 空気調和・衛生工学会規格　換気規準・同解説，丸善，1997.

2) Grieve, P. W.：*Measuring Ventilation Using Tracer Gas*, Bruel & Kjaer, 1991.

3) 空気調和・衛生工学会翻訳・編：置換換気ガイドブック—基礎と応用—，丸善，2007.

4) 空気調和・衛生工学会編：工場換気の理論と実践，丸善，1995.

16. 室内空气浓度等的时间变化与空间分布

室内温热·空气环境计划中的主要课题有以下 3 点：

① 形成一个良好的室内温热环境（确保舒适性）；

② 形成一个良好的室内空气环境（确保健康性）；

③ 抑制能源的消耗量（节能）。

为了构筑一个能够满足这 3 点的系统，了解掌握室内温度·气流等的时间变化及空间分布是至关重要的。下面就让我们学习室内平均浓度的时间变化和室内温度等空间分布的研究方法吧。

16.1 室内大气污染物浓度的时间变化

室内的温·湿度及大气污染物浓度因各种不同的原因随时间而发生变化。另外正如后面所述，也会产生空间的分布。但是，因同时对这些进行处理十分烦琐，所以先不考虑空间的分布，而只考虑时间上的变化。也就是说，考虑平均室内大气污染物浓度的时间变化，并对随时间发生变动现象的最基本的"衰减"（attenuation）进行测量。

首先，室内的二氧化碳浓度（CO_2）按 C_i 保持一定。另外，室外空气的二氧化碳浓度为 C_o，当 $t=0$ 开始换气时，就会像图 16.1 中所示的那样，随着时间的逝去室内的二氧化碳浓度 C_r 逐渐接近于室外空气浓度 C_o，亦即指数函数的浓度产生衰减。

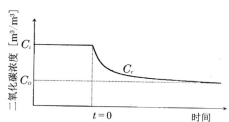

图 16.1 换气引起的室内 CO_2 的衰减现象

房间的容积为 $V[\mathrm{m^3}]$、换气量为 $Q[\mathrm{m^3/h}]$。室内浓度的变化可用公式（16.1）表示：

$$V\frac{dC_r}{dt}=-Q(C_r-C_o) \qquad (16.1)$$

公式的左项是用按浓度的时间变量和房间容积的乘积表示的流出的大气污染物量 $[\mathrm{m^3/h}]$[1]，右项表示大气污染物按室内与室外空气的浓度差比例流出，而且大气污染物的量与换气量成比。如果用初始条件（$t=0$ 时 $C_r=C_i$）计算，就会得到下述公式：[2]

$$C_r=C_o+(C_i-C_o)\cdot\exp\left(-\frac{Q}{V}t\right) \qquad (16.2)$$

[1] 表示换气量，一般为 1 小时的空气量，所以这里所流出的大气污染物的量为平均 1 小时的量。

[2] 指数系数的表示方法有下述两种。

$$e^x=\exp(x)$$

*3 该微分方程式的解题方
法可从高等数学中学到。

【例题 16.1】 解公式（16.1）的微分方程后导出 *3 公式（16.2）。

［解］ 首先，将新变量 X 替换 C_r-C_o，公式（16.1）即变形为

$$V\frac{dC_r}{dt} = V\frac{d(C_r-C_o)}{dt} = V\frac{dX}{dt} = -Q \cdot X \tag{16.3}$$

进而得出下述公式：

$$\frac{1}{X}dX = -\frac{Q}{V}dt \tag{16.4}$$

将方程式两边进行积分后得出：

$$\int\frac{1}{X}dX = \int -\frac{Q}{V}dt, \qquad \log(X)+C_1 = -\frac{Q}{V}t+C_2 \tag{16.5}$$

其中的 C_1、C_2 是积分常数。再将公式（16.5）进行整理后即为

$$\log(X) = -\frac{Q}{V}t+C_3$$

$$X = \exp\left(-\frac{Q}{V}t+C_3\right) = \exp\left(-\frac{Q}{V}t\right) \cdot \exp(C_3)$$

$$X = C_4 \cdot \exp\left(-\frac{Q}{V}t\right) \tag{16.6}$$

$$\therefore\ C_r = C_o + C_4 \cdot \exp\left(-\frac{Q}{V}t\right)$$

式中按初始条件 $t=0$、$C_r=C_i$ 考虑，并确定积分常数 C_4。将 $t=0$ 代入公式（16.6）后，得到：

$$C_r = C_o + C_4 = C_i \qquad \therefore\ C_4 = C_i - C_o \tag{16.7}$$

将其代入公式（16.6），就会得到公式（16.2）。

接下来考虑下面的例子。在上例中二氧化碳是从换气一开始产生的，其量为 $M[\mathrm{m^3/h}]$（相当于人进入房间后呼吸所产生的二氧化碳）。这时的室内浓度便用公式（16.8）表示。

$$V\frac{dC_r}{dt} = -Q(C_r-C_o)+M \tag{16.8}$$

将其用于初期条件（$t=0$、$C_r=C_i$）进行计算后，即为

$$C_r = C_o + (C_i-C_o) \cdot \exp\left(-\frac{Q}{V}t\right) + \frac{M}{Q}\left(1-\exp\left(-\frac{Q}{V}t\right)\right) \tag{16.9}$$

这里的示例就像公式（16.2）、公式（16.9）所示那样，可以得到解析解（analytical solution）。但现实中得不到解析解的现象非常多。在这种情况下，可根据需要采用有限差分法（finite difference method）及有限要素法（有限单元法）（finite element method）等的数值解析（numerical simulation），就可以计算出温度场及浓度场。这时数值解析的方法也会因是否考虑空间的分布而不同。当不考虑空间的分布时，通过较短时间的计算就可以得到解。对于考虑空间布局的讨论方法将在下一节中论述。

16.2　室内温湿度・气流的空间分布

如果知道室内的温湿度及大气污染物浓度的空间分布，就可以实现更合理的室内环境规划。了解这些内容的方法包括实验和数值解析，而最近比较容易掌握的数值解析例子很多。特别是数值流体解析（CFD 解析）*4 已得到普及，并被应用于实际的室内环境规划。

*4 是 Computational Fluid
Dynamics 的缩写，也称作
"CFD 解析"。

16.2.1 CFD 解析概要

a. 用 CFD 解析进行处理的现象

如果采用 CFD 解析，就可以对详细的室内气流分布及温度分布等进行预测。正如图 16.2 所示，用 CFD 解析可以求出（a）流体的移动、（b）热的移动、（c）物质的扩散等。

b. CFD 解析的基础式

表示空气及水等的流体活动的基础式有以下 2 种（表 16.1）。

①连续方程（质量守恒定律）；

②纳维－斯托克斯方程（Navier-Stokes equation）（黏性不可压缩流体动量守恒定律的运动方程）。

流体的流动状态有层流状态（laminar flow）和湍流状态（turbulent flow）两种，一般的室内气流多为湍流状态。在这种情况下，应采用湍流模式。k-ε 型 2 方程式模式（k-ε two equation model）[*5] 是湍流模式代表性模式。为了对热移动及物质移动进行研究，能量守恒定律及物质的输送方程式将另行加以说明。[1]

在 CFD 解析 [*6] 中，通过将对象空间分割成多个要素，并将上述的基础式离散化后得到的多个代数式进行计算后，就可以求出各要素的气流矢量、压力、温度、浓度的近似值。

具体内容如图 16.3 所示，将准备解析的对象空间划分为网格状，然后作为临界条件（boundary condition）对排风口及进风口处的风速，以及居住者、室

[*5] k-ε 型 2 方程式是指在表 16.1 中的纳维－斯托克斯方程中再增加 2 个输送方程式的湍流模式。k 是湍流能量，ε 是 k 的耗散率（散逸率）。除此之外，还有 k-ω 型 2 方程式、k-rl 型 2 方程式等。最近使用 k-ε 型 2 方程式的很多。另外，还有根据 LES（Large Eddy Simulation）的 CFD 解析。LES 可以得到精度更高的结果，但需要花费更多的计算时间。

[*6] 在 CFD 解析中，将解析对象空间按下述方式模型化。首先，决定解析对象空间的范围，即设定解析边界定在哪里。然后，将解析对象空间进行网格化。这时，物体的形状通常被简略化，并按合适的精度及实际的计算时间求出的结果作为网格数。最后对边界设定各种不同的边界（临界）条件。也就是说，设定日射·照明·人体·设备产热等的临界条件、排风口·进风口的气流临界条件、墙面间的辐射热传递的条件。然后在模型化的基础上，进行数值计算。

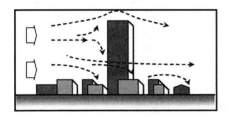

高层建筑周围的风的流动

除上述外，还有汽车行驶风产生的阻力、自然对流时室内空气的流动、管内的水的流动等。

（a）流体的流动

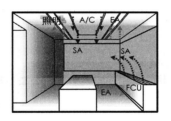

空调房内的温度分布（办公室）

A/C：空调机
FCU：风机盘管
SA：送风
EA：排风

（b）热的移动

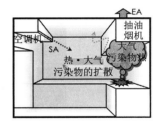

热·大气污染物的发生（厨房空间）

除此之外，还有室内香烟的扩散、火灾发生时烟雾的流动等。

（c）物质的扩散

图 16.2 CFD 解析的适用例（制作：长泽康弘）

连续方程与纳维－斯托克斯方程　　　　　　　　　　表 16.1

1）连续方程

$$\frac{\partial u_i}{\partial x_i} = 0$$

2）纳维－斯托克斯方程

$$\frac{Du_i}{Dt} = -\frac{1}{\rho}\frac{\partial p}{\partial x_i} + \frac{\partial}{\partial x_j}\left(\nu\frac{\partial u_i}{\partial x_j}\right) - g_i\beta\Delta\theta$$

u_i：x_i 方向成分的风速，x_i：坐标（$x_1=x$, $x_2=y$, $x_3=z$）

$\frac{D}{Dt}$：实质微分（含移动项），ρ：空气密度 [kg/m³]，p：压力 [Pa]，ν：运动黏滞性系数 [m²/s]

g_i：重力加速度 [m/s²]，β：体膨胀系数 [K⁻¹]，$\Delta\theta$：温度差 [K]

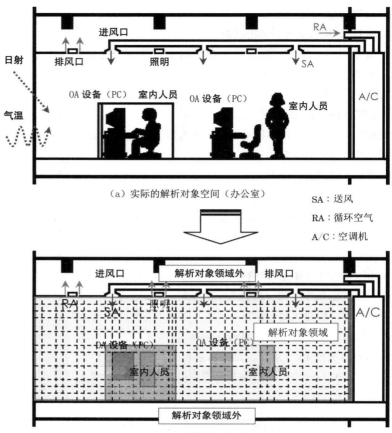

（a）实际的解析对象空间（办公室）

SA：送风
RA：循环空气
A/C：空调机

（b）CFD 解析中的解析对象空间

图 16.3　网格分割概要（制图：长泽康弘）

内的产热设备、太阳辐射等产热条件加以设定并进行解析。

16.3　换气效率与空调效率

如上所述，为了进行有效的换气以及空调的使用，可以通过 CFD 解析计算出室内气流的分布，进而通过 CFD 解析结果计算出换气效率指标及空调效率指标，并根据这些指标对各种换气·空调系统进行比较和评价。下面，对各种指标及其适用例做一介绍。

16.3.1　村上·加藤等人提出的 SVE 与 CRI

如表 16.2 所示，村上·加藤等人提出的 SVE（scale for ventilation efficiency）[2] 共有 6 类，包括无指数化空气龄及从风口的事例范围等。另外，村上·加藤等人还提出了 CRI（热环境形成作用效率）（contribution ratio of indoor climate）[3]。室内存在着各种有助于热量产生及室内温度形成的要素，而且表示这些热量要素对室内各处温度形成的影响究竟达到怎样程度的指标就是 CRI。

下面，对办公室空间采用混合空调方式和置换换气空调方式（15.5 节）的换气效率·空调功率进行比较。图 16.4 表示解析模型，表 16.3 表示解析条件。

换气效率指标 SVE（scale for ventilation） 表 16.2

SVE1：大气污染物的室内平均浓度（或滞留时间）
SVE2：大气污染物的扩散半径
SVE3：无指数化空气龄
SVE4：排风口的有效范围
SVE5：进风口的有效范围
SVE6：无指数化空气余龄

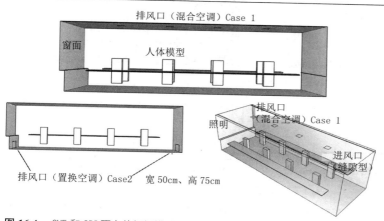

图 16.4 SVE 和 CRI 研究的解析模型（混合空调与置换换气空调的比较。制图：太田恭兵）

解析条件 表 16.3

湍流模式	标准 k-ε 型 2 方程式模式
移流项差分框架	一次迎风差分（一次上风差分）
墙面条件	速度：普通对数规则（墙面）free-sip（对称面） 温度：α_c 型墙壁系数，=4.7W/（m²·K） 辐射率：0.9（各墙面）0.0（对称面）
流入临界（边界）	Case1：风动排风口（P.V. 法）　80m³/h×4 个 =320m³/h，18℃ Case2：置换换气空调排风　160m³/h×2 个 =320m³/h，20℃（排风口风速 0.185m³/h）
流出临界（边界）	缝隙型进风口　320m³/h
热环境条件	太阳辐射：660W（窗体表面发热） 人体：合计 240W（平均每人 60W，各人体模型发热） 照明：200W（照明发热）

混合空调方式是将普通的锥形进风口（也称作"风动排风口"）安装在顶棚处，而置换换气空调方式则是将进风口设置在墙壁的下部，用低速风进行空调的排风，其结果如图 16.5 所示。从图 16.5（c）中可以看到，混合空调（左图）的无因次化空气龄大约为 1。而在居住区域，提供新鲜空气的置换换气空调（右图），其空间下部的无指数化空气龄为 0.4，空气环境良好。从图 16.5（d）中可以看到混合空调的无指数化空气余龄大约为 1，而置换换气空调的无指数化空气余龄在窗侧处要小于 1，在室内侧则大于 1。这一点从图 16.5（e）所看到的进风口有效范围就可以理解。也就是说，混合空调进风口在空间的有效作用基本是一样的，而置换换气空调的有效作用靠窗侧大、室内侧小。其原因从图 16.5（b）风速的分布来看就可以理解了。与混合空调相比，置换换气空调的气流场静稳，而且因窗户附近太阳辐射热的原因，通往进风口的气流为弱上升流和人体模型的

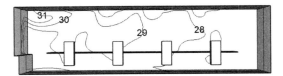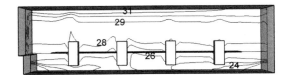

（a）温度分布

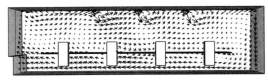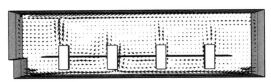

（b）气流分布

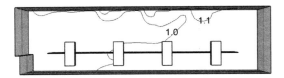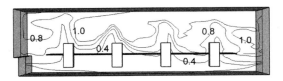

（c）SVE3（无因次空气龄）

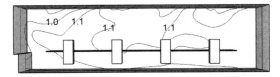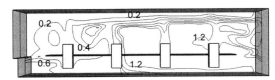

（d）SVE6（无因次空气余龄）

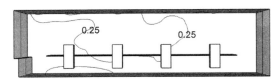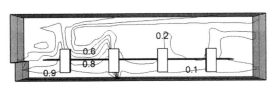

（e）SVE5（注意进风口的有效范围，4根缝隙型进风口中的1根）

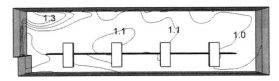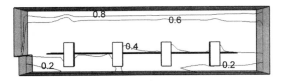

（f）窗户附近太阳辐射热的CRI

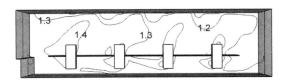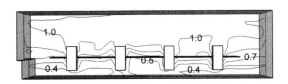

（g）人体产热的CRI（4根）

图 16.5　SVE 和 CRI 的解析结果（左图：混合空调 Case1；右图：置换换气空调 Case2，制图：太田恭兵）

上升流。窗户附近的上升流使窗侧进风口的有效作用加大。图16.5（f）是在窗户附近设定的太阳辐射形成热环境的作用效率。混合空调的值要比置换换气空调的值大，而且在室内也是1。另外，置换换气空调因大量的太阳辐射热通过窗户附近的上升热流通向进风口，所以空间下部的值就小。图6.15（g）是人体产热形成的热环境作用效率。在混合空调中大致都是1.2～1.4，而在置换换气空调中，空间下部小，约为0.4，空间的上部大，约为1.0。

16.3.2 局部排气装置 DCE（直接捕集率）

近藤·荻田等人提出的DCE（Direct Capture Efficiency）[4]概要图如图16.6所示。当在厨房及工厂等处设置局部排气装置时，采用局部排气装置扩散到居住区的大气污染物不用通过直接捕集就可将其集中。也就是说，通过局部排气装置就可将大气污染物集中（直接捕集），在使居住区浓度降低方面是非常重要的。但是，当通过试验对实际中采用局部排气装置的排气浓度进行测定时，不仅直接捕集的大气污染物，连同一旦扩散到居住区的大气污染物的浓度都被测量。特别是设一个排气口时，捕集率自动为100%。对此如果采用CFD解析，只对直接捕集的大气污染物进行检测就成为可能。正如图16.6中所示，我们在这里介绍的DCE是指通过抽油烟机等直接捕集所产生的大气污染物总量与大气污染物量的比率。

这里介绍的案例是以与住宅厨房相邻的空间为对象，利用DCE对厨房的抽油烟机的大气污染物捕集性质和居住空间的大气污染物浓度的关系进行研讨的案例，表现了DCE的有效性。

图16.7表示住宅中岛屿式厨房的解析模型。该图以冬季采暖时为例。在厨房做饭等虽然只是一时的，但却会产生大量的热气及水蒸气。这种热气及水蒸气就是早晨住宅内热环境恶化及结露的原因。为防止这类问题的发生，就应通过安装在灶台上方的抽油烟机等进行换气，以将热气及水蒸气排放出去。也就是说，通过抽油烟机将聚集在炉灶上方的热上升流（thermal plume）（热气流）输送的热气及水蒸气捕集后排到室外。不过，灶台上方热上升流中的一部分被来自空调的气流扰动，不能被抽油烟机捕集，大多都扩散到厨房及起居室空间。图16.8中的示例表示气流分布和温度分布的解析结果。左图是空调供暖时的结果，右图是地面采暖时的结果。采用空调供暖时室内的气流场稍微活跃一些，与其相比

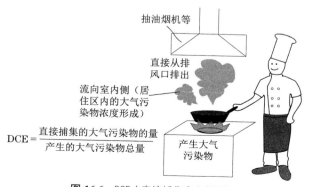

图16.6 DCE（直接捕集率）概要图

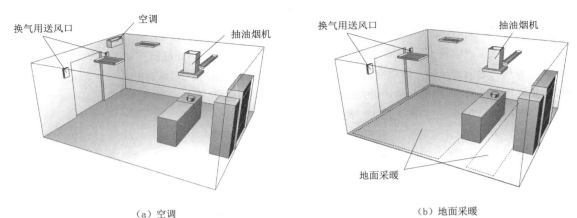

（a）空调　　　　　　　　　　　　　　　　　　　　（b）地面采暖

图 16.7　住宅 LDK 解析模型 "岛屿式厨房"（对空调采暖与地面采暖进行的比较。制图 : 赤城克斋）

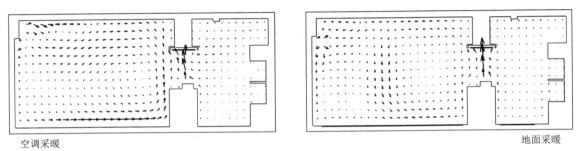

空调采暖　　　　　　　　　　　　　　　　　　　　地面采暖

（a）气流分布

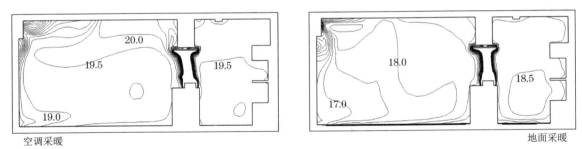

空调采暖　　　　　　　　　　　　　　　　　　　　地面采暖

（b）温度分布［℃］

图 16.8　温度与气流解析结果示例（左 : 空调采暖，右 : 地面采暖。制图 : 赤城克斋）

[*7]　炉子及饭锅的热传递包括对流热传递和辐射热传递，后者造成的热大部分都不能被抽油烟机捕集。因此即使 DCE 为 1.0 时，抽油烟机也不能 100% 的将其排出室外。另外，因水蒸气等的气状物质可以只考虑对流传递，所以如果 DCE 为 1.0 时，那么100% 的水蒸气都可以被抽油烟机捕集。

地面采暖时的气流场则接近静稳。表 16.4 表示 DCE（直接捕集率）的计算结果。地面采暖时的 DCE 为 1.0，热上升流的热气及水蒸气的大部分都被抽油烟机直接捕集，没有扩散到起居室。相反，空调采暖时的 DCE 为 0.88，来自 12% 的对流热及水蒸气被扩散到起居室。[*7] 这是因为来自空调的气流将热上升流扰动的原因所在。该结果可能会造成室内温度及室内湿度稍微上升，窗面等处产生结露等。

DCE 计算结果示例　　　　　　　　　　　　　　　　　　　　表 16.4

	空调采暖	地面采暖
DCE	0.88	1.00

◇ 练习题

16.1 导出公式（16.9），并将室内二氧化碳浓度随时间所发生的变化用图形表示出来。

16.2 查找文献，并列举利用 CFD 解析进行的室内环境计划的案例。尽量对用 SVE 及 CRI 等的指标进行评价的案例进行调研。

■ 参考文献

1) 村上周三：CFD による建築・都市の環境設計工学，東大出版会，2000.
2) 村上周三・加藤信介：新たな換気効率指標と三次元乱流数値シミュレーションによる算出法，空気調和・衛生工学会論文集，**32**，pp.9-19，1986.
3) 加藤信介・小林　光・村上周三：不完全混合室内における換気効率・温熱環境形成寄与率に関する研究（第 2 報）CFD に基づく局所領域の温熱環境形成寄与率評価指標の開発，空気調和・衛生工学論文集，**69**，pp.39-47，1998.
4) 近藤靖史・荻田俊輔：CFD 解析による局所換気装置の直接捕集率（DCE）の算定，日本建築学会環境系論文集，**584**，pp 41-46，2004.
5) 赤城克斎・近藤・阿部有希子：住宅厨房内の温熱・空気環境に関する研究（その 18）ペニンシュラ型およびアイランド型キッチンに関する CFD 解析，空気調和・衛生工学会大会学術講演論文集，pp.1029-1032，2008.

附录1 求解太阳位置与太阳辐射量的 Visual Basic 函数

本程序中的函数来自宇田川《利用个人电脑实现的空气调节计算法（1986 年）》一书。利用微软办公软件 Excel 中的 Visual Basic 标准模式在 Excel 中进行计算是非常方便的。

〈太阳位置与太阳辐射量的计算程序〉

```
' 初始设定
Option Explicit

Const PI = 3.141592
Const rad = PI/180#
' ------------------------------------------
' ①将月 Mon，日 Day 变换为全天 Nday
Public Function Nday(Mon, Day)
  Dim Z As Integer
    If Mon<3 Then
      Z=2
    Else
      Z=-9
    End If
  Nday=Int(((153*(Mon-1)+Z)/5)+Day)
End Function
' ------------------------------------------
' ②太阳赤纬的 sin
Public Function s_sin_decl(Mon, Day)
  Dim B As Double
    B=360*((Nday(Mon, Day)-81#)/365#)* rad
    s_sin_decl=0.397949* Sin(B)
End Function
' ------------------------------------------
' ③平均时差 ETime[h]
Public Function s_ETime(Mon, Day)
  Dim B As Double
    B=360*((Nday(Mon, Day)-81#)/365#)* rad
    s_ETime=0.1645* Sin(2* B)- 0.1255* Cos(B)- 0.025*
    Sin(B)
End Function
' ------------------------------------------
' ④辐射矢径 rvec[-] 的计算
Public Function s_rvec(Mon, Day)
    s_rvec=Sqr(1/(1+0.033* Cos(2* PI* Nday(Mon,
    Day)/365)))
End Function
' ------------------------------------------
' ⑤大气层外的太阳辐射量 Io[W/m²]
Public Function s_Io(Mon, Day)
    s_Io=1382*(1+0.033* Cos(2* PI* Nday(Mon, Day)/
    365))
End Function
' ------------------------------------------
' ⑥从标准时 Tima 计算真太阳时 Time_as  Lon：经度[°]，
  TZ：时间带（日本标准时为 + 9）
Public Function s_Time_as(Mon, Day, Time, Lon, TZ)
    s_Time_as=Time+s_ETime(Mon, Day)+(Lon - TZ*
    15)/15
End Function
' ------------------------------------------
' ⑦太阳高度 h 的 sin  Lat：纬度[°]  Time_as：真太阳时
Public Function s_sin_h(Lat, Mon, Day, Time_as)
  Dim sdelta, cdelta As Double
    sdelta=s_sin_decl(Mon, Day)
    cdelta=Sqr(1-sdelta* sdelta)
    s_sin_h=Sin(Lat* rad)* sdelta+Cos(Lat* rad)*
    cdelta* Cos((Time_as-12)* 15* rad)
    If s_sin_h<0 Then s_sin_h=0
End Function
' ------------------------------------------
' ⑧方位角 Azm[°  ]Time_as：真太阳时
Public Function s_Azm(Lat, Mon, Day, Time_as)
  Dim salt, calt, cazm As Double
    salt=s_sin_h(Lat, Mon, Day, Time_as)
    If salt>0 Then
      calt=Sqr(1-salt* salt)
      cazm=(salt* Sin(Lat* rad)-s_sin_decl(Mon, Day))/
      (calt* Cos(Lat* rad))
      s_Azm=(Atn(-cazm/Sqr(1-cazm* cazm))+0.5* PI)*
      180#/PI
      If(Time_as-12)<0 # Then
        s_Azm=-s_Azm
      End If
    Else
      s_Azm=0
    End If
End Function
' ------------------------------------------
' ⑨倾斜面入射的太阳辐射角（Incident angia）的 cos
  Azm：太阳方位角[°]  Wtilt：倾斜面倾斜角[°]
Public Function s_cos_incident(sin_h, Azm, Wtilt, Wazm)
    If sin_h>0 Then
      s_cos_incident=Cos(Wtilt* rad)* sin_h+Sin(Wtilt*
      rad)* Sqr(1-sin_h* sin_h)* Cos((Azm-Wazm)* rad)
      If s_cos_incident<0 Then s_cos_incident=0
    Else
      s_cos_incident=0
    End If

End Function
' ------------------------------------------
' ⑩晴天法线面太阳直接辐射量 Idn[W/m²]  P：大气透过率 [-]
Public Function s_Idn(Io, P, sin_h)
    If sin_h>0 Then
      s_Idn=Io* P^(1/sin_h)
    Else
      s_Idn=0
    End If
End Function
' ------------------------------------------
' ⑪晴天水平面天空太阳辐射量 Isky[W/m²]  P：大气透过率 [-]
Public Function s_Isky(Io, P, sin_h)
    If sin_h>0 Then
      s_Isky=(Io-s_Idn(Io, P, sin_h))* sin_h*((0.66-0.32* sin_
      h)*(0.5+(0.4-0.3* P)* sin_h))
    Else
      s_Isky=0
    End If
End Function
' ------------------------------------------
' ⑫从全天太阳辐射量观测值 Ih_obs [W/m²] 推算法线面太阳直接
  辐射量 Idn[W/m²] 的推算  Io：大气层外太阳辐射量 [W/m²]

Public Function s_Idn_obs(Io, Ih_obs, sin_h)
Dim Ktt As Double

If sin_h>0 Then
  Ktt=Ih_obs/(Io* sin_h)
  If Ktt>=0.5163+(0.333+0.00803* sin_h)* sin_h Then
    s_Idn_obs=(-0.43+1.43* Ktt)* Io
  Else
    s_Idn_obs=(2.277+(- 1.258+0.2396* sin_h)* sin_h)*
    Ktt^3* Io
```

```
   End If
Else
  s_Idn_obs=0
End If
End Function
```
----
⑬ 从全天太阳辐射量观测值 Ih_obs[W/m²] 推算水平面天空太
   阳辐射量 Isky[W/m²]   Idn：法线面太阳直接辐射量 [W/m²]
```
Public Function s_Isky_obs(Ih_obs, Idn_obs, sin_h)
  s_Isky_obs=Ih_obs-Idn_obs*sin_h
End Function
```

附录2　自然室温时的室内热环境

用公式（10.1）导出自然室温时的室温与作用温度的关系。在公式（10.1）中，当 $EH_s=0$ 时可以求出自然室温，进而也可以想象出既没有室内产热也没有换气。也就是说，$H_c=c_a\rho_aQ_{vent}(\theta_o-\theta_r)=0$，进而各表面的对流传热系数都相等。另外，如果可以忽略室温的时间变化，那么由 $d\theta_r/dt=0$ 就可以导出下述公式：

$$\sum_{j=1}^{N}A_j\alpha_{cj}(\theta_{sj}-\theta_r)=0 \qquad (A.1)$$

这时的室温即为：

$$\theta_r=\frac{\sum_{j=1}^{N}A_j\alpha_{cj}\theta_{sj}}{\sum_{j=1}^{N}A_j\alpha_{cj}}\approx\frac{\sum_{j=1}^{N}A_j\theta_{sj}}{\sum_{j=1}^{N}A_j}=\theta_{mrt}$$
$$(A.2)$$

从公式（A.2）可以得知与平均辐射温度的近似值——面积加权平均表面温度一致，亦即因室内的空气温度与平均表面温度一致，所以室温与作用温度也一致。在实际中，即便是自然室温时室内也会有产热及换气，可以认为是大致的室温和平均表面温度。至于地面采暖及顶棚供冷这种辐射冷暖气房系统中的热环境，因不是通过暖风及冷风对室内空气进行直接替换、加热、冷却的，所以可以说是一种近似于自然室温的热环境。像暖风供暖那样将高温的空气直接吹入室内，以及将室外寒冷的缝隙风导入等室内的空气被直接替换、加热或冷却时，室温与平均表面温度的差就大，而且室温的垂直温度分布也会很大。这样，如果不必通过冷暖气房仅仅是自然室温就可以得到舒适的温度，那就可以得到一个优于冷暖气房的热环境。

附录3　室温与热负荷的计算方法

通过公式（10.1）的室内空气热收支公式对室温及热负荷进行计算时，应采用房间构成部位的

热收支公式。各部位的，以及室内表面热收支式的热流 H_{ij}[W] 使室内表面之间的辐射传热呈线性化近似，而且当从表面向室内的传热为正数时，可用下述公式表示：

$$H_j=A_j\{\alpha_{c,j}(\theta_{s,j}-\theta_r)+\sum_{n=1}^{N}\alpha_{rj,n}(\theta_{s,j}-\theta_{s,n})-RS_j\}$$
$$(j=1,2,\cdots,N) \qquad (A.3)$$

其中，A：表面积 [m²]，θ_r：室温 [℃]，θ_s：表面温度 [℃]，α_c：对流传热系数 [W/（m²·K）]，α_{rjn}：辐射传热系数 [W/（m²·K）]，RS：太阳辐射·照明等短波长辐射造成的吸收成分 [W/m²]，N：室内的表面数，角标 j、n 表示室内表面。

当为重质墙体时，H 可以用差分法及应答系数法表示；而为窗户及轻型墙体时，H 则可以用传热系数及太阳辐射摄取率表示。用这些可以根据公式（A.3）的关系像公式（A.4）那样，列出墙壁、窗户等各房间的构成部位、各表面温度、室温的关系。FI、FO 可在宇田川《利用个人电脑实现的空气调节计算法（1986 年）》一书中查到。

$$\theta_{s,j}=FI_j\left(\frac{\alpha_c\theta_r+\sum\alpha_{rj,n}\theta_{s,n}}{\alpha_{ij,n}}\right)+FO_j\theta_{e,j}+CF_j$$
$$(j=1,2,\cdots,N) \qquad (A.4)$$

当计算对象房间的部位数为 N 时，各室内表面温度用公式（A.3）表示。公式（A.3）中的 FI_j、FO_j、CF_j 是由房间构成各部位的热收支公式导出的。θ_e 表示相当于各部位外气侧环境的室外空气温度。

因公式（A.4）有 N 个，所以通过对行列的计算可以从各表面温度中除去其他的表面温度，表面温度就可以作为室温函数加以表示。

$$\theta_{s,j}=WSR_j\theta_r+WSC_j \qquad (A.5)$$
$$(j=1,2,\cdots,N)$$

公式（10.1）左边为差分化，带入公式（A.5）后即为公式（A.6）。从公式（A.6）可以导出具体表示室温与热负荷关系的公式（10.2）的系数。θ^* 是 Δt 前的室温。

$$M\frac{\theta_r-\theta_r^*}{\Delta\tau}=\sum_{j=1}^{N}A_j\alpha_{c,j}(WSR_j\theta_r+WSC_j-\theta_r)+H_c$$
$$+c_a\rho_aQ_{vent}(\theta_o-\theta_r)+HE_s \qquad (A.6)$$

$$BR_r=M/\Delta t+1-\sum_{j=1}^{N}A_j\alpha_{c,j}WSR_j \qquad (A.7)$$

$$B_c=(M/\Delta t)\theta_r^*+\sum_{j=1}^{N}A_j\alpha_{c,j}WSC_j \qquad (A.8)$$

附录 4　求解湿空气状态值的 Visual Basic 函数

以下是用于第 11 章所述湿空气状态值计算的函数程序与计算示例。正如附录 1 中所示，可以使用微软办公软件 Excel 中的标准模式（表 A4.1）。另外，表中的函数是从宇田川《利用个人电脑实现的空气调节计算法（1986 年）》一书中选取后，变换为 Visual Basic 的。

〈湿空气状态值的计算程序〉

```
'初始设定
Option Explicit
Const P=101.325 '大气压 [kPa]（1 个气压）
Const R0=2501000 '水的蒸发潜热 [J/kg]
Const Ca=1005 '干燥空气的比热 [J/kg]
Const Cv=1846 '水蒸气的比热 [J/kg]
```
'① 饱和水蒸气压 [kPa] 的计算 [根据海兰·韦克斯勒（Hyland-Wexler）公式] T：温度 [℃]
```
Public Function P_fs(T)
Dim Tabs, Pws As Double
 Tabs=T+273.15
 If T>0 Then
  Pws=Exp(-5800.2206/Tabs+1.3914993+Tabs*
  (-0.048640239+Tabs*(0.000041764768-
  0.000000014452093*Tabs))+6.5459673*Log(Tabs))
 Else
  Pws=Exp(-5674.5359/Tabs+6.3925247+Tabs*
  (-0.009677843+Tabs*(0.00000062215701+Tabs*
  (2.0747825E-09-9.484024E-13*Tabs)))+4.1635019*
  Log(Tabs))
 End If
 P_fs=Pws/1000#
End Function
```
'② 露点温度 [℃] 的计算　fs：水蒸气压 [kPa]
```
Public Function P_tdp(fs)
Dim Pwx, Y As Double
 Pwx=fs*1000#
 Y=Log(Pwx)
 If Pwx >=611.2 Then
  P_tdp=-77.199+Y*(13.198+Y*(-0.63772+
  0.071098*Y))
 Else
  P_tdp=-60.662+Y*(7.4624+Y*(0.20594+0.016321*
  Y))
 End If
End Function
```
'③ 露点温度的计算 [℃]　T：温度 [℃]　Rh：相对湿度 [%]
```
Public Function P_tdptr(T, Rh)
 P_tdptr=P_tdp(P_ftr(T, Rh))
End Function
```
'④ 水蒸气压 [kPa] 的计算　X：绝对湿度 [kg/kg（DA）]
```
Public Function P_fx(X)
 P_fx=X*P/(X+0.62198)
End Function
```
'⑤ 水蒸气压 [kPa] 的计算　T：温度 [℃]　Rh：相对湿度 [%]
```
Public Function P_ftr(T, Rh)
 P_ftr=Rh*P_fs(T)/100#
End Function
```
'⑥ 绝对湿度 [kg/kg（DA）] 的计算　f：水蒸气压 [kPa]
```
Public Function P_xf(f)
 P_xf=0.62198*f/(P-f)
End Function
```
'⑦ 绝对湿度 [kg/kg（DA）] 的计算　T：温度 [℃]　Rh：相对湿度 [%]
```
Public Function P_xtr(T, Rh)
 P_xtr=P_xf(P_ftr(T, Rh))
End Function
```
'⑧ 比焓的计算 [kJ]　T：温度 [℃]　X：绝对湿度 [kg/kg（DA）]
```
Public Function P_H(T, X)
 P_H=(Ca*T+(Cv*T+R0)*X)/1000
End Function
```

本书的附录是根据宇田川提供的下述文献整理的。
- 利用个人电脑完成的空气调和计算法，欧姆社，1986 年。
- 辐射冷暖气房系统中的模拟模型，日本建筑学会大会学术讲演梗概集，4385，PP. 769-770，1999 年。
- Simulation of Panel Cooling System with linear subsystem model, *ASHRAE Transmission* 1993, 99-2, pp.534-547. 1993.

湿空气状态值的计算例　　　　　　表 A4.1

温度 θ ℃	饱和空气			湿度 50%			
	水蒸气压 f_s ① [kPa]	绝对湿度 x_s ⑥ [kg/kg（DA）]	比焓 h_s ⑧ [kJ]	水蒸气压 f ⑤ [kPa]	绝对湿度 x ⑦ [kg/kg（DA）]	比焓 h ⑧ [kJ]	露点温度 θ'' ③ [℃]
−20	0.103	0.00063	−18.54	0.052	0.00032	−19.32	−27.0
−10	0.260	0.00160	−6.08	0.130	0.00080	−8.07	−17.6
0	0.611	0.00377	9.44	0.306	0.00188	4.71	−8.2
10	1.228	0.00763	29.27	0.614	0.00379	19.60	0.1
20	2.339	0.01470	57.40	1.169	0.00726	38.53	9.3
30	4.246	0.02720	99.69	2.123	0.01331	64.18	18.4
40	7.383	0.04889	166.07	3.692	0.02352	100.76	27.6
50	12.350	0.08633	274.13	6.175	0.04036	154.93	36.7

使用数字号码的 Visual basic 函数号

材料的比焓常数（根据《空气调和－卫生工程学便览》第13版）

材料名称	导热系数 λ [W/(m·K)]	容积比热 c·ρ [kJ/(m³·K)]	比热 c [kJ/(kg·K)]	密度 ρ [kg/m³]
空气（静止）	0.022*1	1.3	1.0*1	1.3*1
水（静止）	0.60*1	4200	4.2*1	1000*1
冰	2.2*1	1900	2.1*1	920*1
雪	0.06*1	180	1.8*1	100*1
钢	45*1	3600	0.46*1	7900*1
铝	210*1	2400	0.88*1	2700*1
铜	390*2	3500	0.39*2	9000*2
岩石（重型）	3.1*4	2400	0.86*4	2800*4
岩石（轻型）	1.4*4	1700	0.88*4	1900*4
土壤（黏土质）	1.5*5	3100	1.7*5	1900*5
土壤（砂质）	0.9*5	2000	1.3*5	1900*5
土壤（鲁姆壤土质）	1.0*5	3300	2.3*5	1600*5
土壤（火山灰质）	0.5*5	1800	1.7*5	1500*5
砂砾	0.62*5	1500	0.84*4	1100*5
PC混凝土	1.5*1	1900	0.80*1	2400*1
普通混凝土	1.4*1	1900	0.88*1	2200*1
轻型混凝土	0.78*1	1600	1.0*1	1600*1
轻质加气混凝土（ALC饰板）	0.17*1	650	1.1*1	600*1
混凝土砌块（重型）	1.1*2	1800	0.78*1	2300*2
混凝土砌块（轻型）	0.53*2	1600	1.1*4	1600*1
砂浆	1.5*1	1600	0.80*1	2000*1
石棉板	1.2*1	1800	1.2*1	1500*1
灰膏	0.79*1	1600	0.84*1	2000*1
石膏板·（底层用）	0.17*1	1000	1.1*1	910*1
穿孔石膏板	0.74*4	1400	1.1*4	1300*4
土墙	0.69*4	1100	0.88*4	1300*4
玻璃	1.0	1900	0.75*1	2500*1
瓷砖	1.3*1	2000	0.84*1	2400*1
砖墙	0.64*3	1400	0.84*1	1700*3
瓦	1.0*1	1500	0.75*1	2000*1
合成树脂·油毡	0.19*1	1500	1.2*1	1300*1
FRP	0.26*1	1900	1.2*1	1600*1
沥青类	0.11*1	920	0.92*1	1000*1
防湿纸类	0.21*1	910	1.3*1	700*1
榻榻米	0.15*1	290	1.3*1	230*1
合成榻榻米	0.07*1	260	1.3*1	200*1
地毯类	0.08*1	320	0.80*1	400*1
木材（重质）	0.19*1	780	1.3*1	600*1
木材（中质）	0.17*1	650	1.3*1	500*1
木材（轻质）	0.14*1	520	1.3*1	400*1
胶合板	0.19*1	720	1.3*1	550*1
软质纤维板	0.056*1	330	1.3*1	250*1
防水纤维板	0.060*1	390	1.3*1	300*1
半硬质纤维板	0.14*1	980	1.6*1	600*1
硬质纤维板	0.22*1	1400	1.3*1	1100*1
木屑板	0.17*1	720	1.3*1	550*1
水泥木丝板	0.19*1	950	1.7*1	570*1
纤维板	0.44	39	(1.3)	30*1
玻璃纤维（24K）	0.042*1	20	0.84*1	24*1
玻璃纤维（32K）	0.040*1	27	0.84*1	32*1
岩棉保温材料	0.042*1	84	0.84*1	100*1
喷涂石棉	0.051*1	1000	0.84*1	1200*1
岩棉吸声板	0.064*1	250	0.84*1	300*1
苯乙烯泡沫板（坯料）	0.047*1	23	1.3*1	18*1
苯乙烯泡沫板（挤压）	0.037*1	35	1.3*1	28*1
苯乙烯泡沫板（吹制泡沫板）	0.026*1	50	1.3*1	40*1
硬质聚氨酯泡沫板	0.028*1	47	1.3*1	38*1
喷涂硬质聚氨酯（吹制泡沫板）	0.029*1	47	1.3*1	38*1
软质聚氨酯泡沫板	0.050*1	38	1.3*1	30*1
聚苯乙烯泡沫板	0.044*1	63	1.3*1	50*1
硬质聚录乙烯泡沫板	0.036*1	(50)	1.3*1	50*1
密闭中空层	R=0.15 m²·K/W			
非密闭中空层	R=0.07 m²·K/W			

部分数值取自下述文献的平均值。有效数值2位数。
*1 日本建筑学会编：建筑学便览 I，丸善，1980。　　*2 小平俊平：建筑的热设计，鹿岛出版会，1974。
*3 渡边要：建筑计划原论，丸善，1974。　　*4 日本建筑学会编：建筑设计资料集成2，丸善，1960。
*5 渡边庄儿等：蓄热材料中的土壤热特性的研究③，日本建筑学会大会学术讲演梗概集，1982。

附表 2

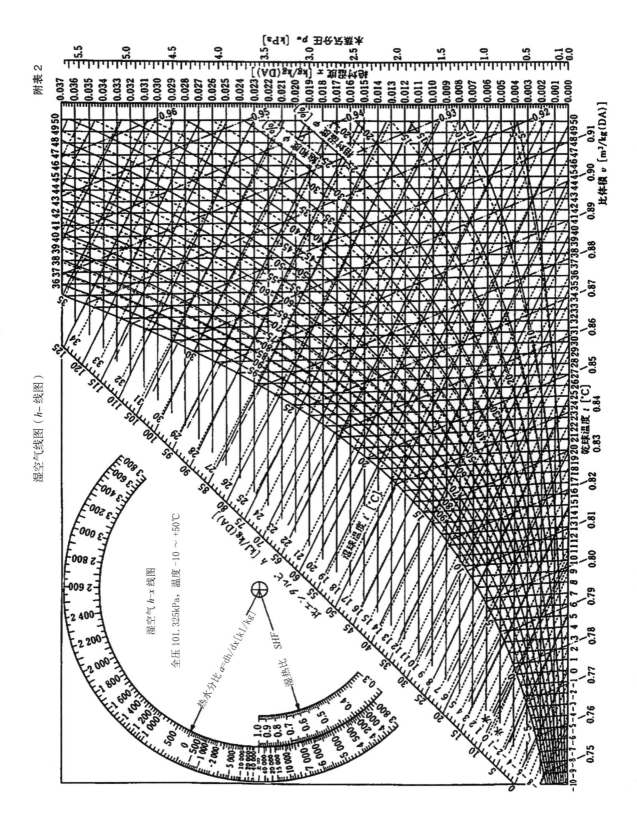

湿空气线图（h–线图）

湿空气 h–x 线图

全压 101.325kPa，温度 –10 ～ +50℃

空气的饱和绝对湿度 [g/kg（DA）]

附表3

纵向表示温度的整数位，横向表示温度的小数位。例如，10.5℃的空气饱和绝对湿度为7.893g/kg（DA）。表中的值是用海兰·韦克斯勒公式计算得出的。

（制表：太田恭兵）

℃	0	0.1	0.2	0.3	0.4	0.5	0.6	0.7	0.8	0.9
0	3.775	3.802	3.830	3.858	3.886	3.915	3.943	3.972	4.001	4.030
1	4.060	4.089	4.119	4.149	4.179	4.209	4.240	4.271	4.301	4.333
2	4.364	4.395	4.427	4.459	4.491	4.523	4.556	4.589	4.622	4.655
3	4.688	4.722	4.756	4.790	4.824	4.858	4.893	4.928	4.963	4.998
4	5.034	5.070	5.106	5.142	5.178	5.215	5.252	5.289	5.327	5.364
5	5.402	5.440	5.479	5.517	5.556	5.595	5.635	5.674	5.714	5.754
6	5.794	5.835	5.876	5.917	5.958	6.000	6.042	6.084	6.126	6.169
7	6.212	6.255	6.299	6.342	6.386	6.431	6.475	6.520	6.565	6.610
8	6.656	6.702	6.748	6.795	6.842	6.889	6.936	6.984	7.032	7.080
9	7.128	7.177	7.226	7.276	7.326	7.376	7.426	7.477	7.528	7.579
10	7.630	7.682	7.735	7.787	7.840	7.893	7.947	8.001	8.055	8.109
11	8.164	8.219	8.275	8.330	8.387	8.443	8.500	8.557	8.615	8.672
12	8.731	8.789	8.848	8.907	8.967	9.027	9.087	9.148	9.209	9.270
13	9.332	9.394	9.457	9.520	9.583	9.647	9.711	9.775	9.840	9.905
14	9.971	10.037	10.103	10.170	10.237	10.304	10.372	10.441	10.509	10.579
15	10.648	10.718	10.788	10.859	10.930	11.002	11.074	11.146	11.219	11.293
16	11.366	11.441	11.515	11.590	11.666	11.742	11.818	11.895	11.972	12.050
17	12.128	12.207	12.286	12.365	12.445	12.526	12.607	12.688	12.770	12.852
18	12.935	13.018	13.102	13.186	13.271	13.357	13.442	13.528	13.615	13.702
19	13.790	13.878	13.967	14.056	14.146	14.237	14.327	14.419	14.511	14.603
20	14.696	14.789	14.883	14.978	15.073	15.169	15.265	15.361	15.459	15.556
21	15.655	15.754	15.853	15.953	16.054	16.155	16.257	16.359	16.462	16.566
22	16.670	16.775	16.880	16.986	17.092	17.199	17.307	17.415	17.524	17.634
23	17.744	17.855	17.966	18.078	18.191	18.304	18.418	18.533	18.648	18.764
24	18.880	18.998	19.115	19.234	19.353	19.473	19.593	19.715	19.836	19.959
25	20.082	20.206	20.331	20.456	20.582	20.709	20.836	20.964	21.093	21.223
26	21.353	21.484	21.616	21.749	21.882	22.016	22.150	22.286	22.422	22.559
27	22.697	22.835	22.975	23.115	23.256	23.397	23.540	23.683	23.827	23.972
28	24.117	24.264	24.411	24.559	24.708	24.857	25.008	25.159	25.311	25.464
29	25.618	25.773	25.928	26.085	26.242	26.400	26.559	26.719	26.880	27.042
30	27.204	27.368	27.532	27.697	27.863	28.030	28.198	28.367	28.537	28.708
31	28.880	29.052	29.226	29.400	29.576	29.752	29.930	30.108	30.288	30.468
32	30.649	30.832	31.015	31.200	31.385	31.571	31.759	31.947	32.137	32.327
33	32.519	32.711	32.905	33.100	33.296	33.492	33.690	33.889	34.090	34.291
34	34.493	34.696	34.901	35.107	35.313	35.521	35.730	35.940	36.152	36.364
35	36.578	36.793	37.009	37.226	37.444	37.664	37.884	38.106	38.329	38.554
36	38.779	39.006	39.234	39.463	39.694	39.926	40.159	40.393	40.629	40.865
37	41.104	41.343	41.584	41.826	42.069	42.314	42.560	42.807	43.056	43.306
38	43.558	43.811	44.065	44.320	44.577	44.836	45.096	45.357	45.620	45.884
39	46.149	46.416	46.685	46.954	47.226	47.499	47.773	48.049	48.326	48.605
40	48.885	49.167	49.451	49.736	50.022	50.310	50.600	50.891	51.184	51.478
41	51.775	52.072	52.372	52.672	52.975	53.279	53.585	53.893	54.202	54.513
42	54.826	55.140	55.456	55.774	56.093	56.415	56.738	57.062	57.389	57.717
43	58.048	58.380	58.714	59.049	59.387	59.726	60.067	60.410	60.755	61.102
44	61.451	61.802	62.154	62.509	62.865	63.224	63.584	63.947	64.311	64.678
45	65.046	65.417	65.789	66.164	66.540	66.919	67.300	67.683	68.068	68.455
46	68.844	69.236	69.630	70.025	70.424	70.824	71.226	71.631	72.038	72.447
47	72.859	73.272	73.688	74.107	74.527	74.950	75.376	75.804	76.234	76.666
48	77.101	77.539	77.979	78.421	78.866	79.313	79.763	80.215	80.670	81.127
49	81.587	82.050	82.515	82.983	83.453	83.926	84.402	84.880	85.361	85.845
50	86.332	86.821	87.313	87.808	88.305	88.806	89.309	89.815	90.324	90.836

作者简历

宇田川光弘

1946 年　出生于日本福岛县

1977 年　日本早稻田大学研究生院理工学研究科
　　　　　取得博士课程单科后退学

现在　　日本工学院大学工学部教授
　　　　　工学博士

近藤靖史

1958 年　出生于日本京都府

1983 年　日本神户大学研究生院工学研究科
　　　　　硕士课程结业

现在　　日本东京都市大学工学部教授
　　　　　博士（工学）

秋元孝之

1963 年　出生于日本京都府

1988 年　日本早稻田大学研究生院理工学研究科
　　　　　硕士课程结业

现在　　日本芝浦工业大学工学部教授
　　　　　博士（工学）

长井达夫

1964 年　出生于日本神奈川县

1994 年　日本东京大学研究生院工学系研究科
　　　　　博士课程结业

现在　　日本东京理科大学工学部第一部副教授
　　　　　博士（工学）

相关图书介绍

- 《国外建筑设计案例精选——生态房屋设计》（中英德文对照）
  ［德］芭芭拉·林茨　著
  ISBN 978-7-112-16828-6（25606）32 开 85 元

- 《国外建筑设计案例精选——色彩设计》（中英德文对照）
  ［德］芭芭拉·林茨　著
  ISBN 978-7-112-16827-9（25607）32 开 85 元

- 《国外建筑设计案例精选——水与建筑设计》（中英德文对照）
  ［德］约阿希姆·菲舍尔　著
  ISBN 978-7-112-16826-2（25608）32 开 85 元

- 《国外建筑设计案例精选——玻璃的妙用》（中英德文对照）
  ［德］芭芭拉·林茨　著
  ISBN 978-7-112-16825-5（25609）32 开 85 元

- 《低碳绿色建筑：从政策到经济成本效益分析》
  叶祖达　著
  ISBN 978-7-112-14644-4（22708）16 开 168 元

- 《中国绿色建筑技术经济成本效益分析》
  叶祖达　李宏军　宋凌　著
  ISBN 978-7-112-15200-1（23296）32 开 25 元

- 《第十一届中国城市住宅研讨会论文集
  ——绿色·低碳：新型城镇化下的可持续人居环境建设》
  邹经宇　李秉仁　等　编著
  ISBN 978-7-112-18253-4（27509）16 开 200 元

- 《国际工业产品生态设计 100 例》
  ［意］西尔维娅·巴尔贝罗　布鲁内拉·科佐　著
  ISBN 978-7-112-13645-2（21400）16 开 198 元

- 《中国绿色生态城区规划建设：碳排放评估方法、数据、评价指南》
  叶祖达　王静懿　著
  ISBN 978-7-112-17901-5（27168）32 开 58 元

- 《第十二届全国建筑物理学术会议　绿色、低碳、宜居》
  中国建筑学会建筑物理分会　等　编
  ISBN 978-7-112-19935-8（29403）16 开 120 元

- 《国际城市规划读本 1》
  《国际城市规划》编辑部　编
  ISBN 978-7-112-16698-5（25507）16 开　115 元

- 《国际城市规划读本 2》
  《国际城市规划》编辑部　编
  ISBN 978-7-112-16816-3（25591）16 开　100 元

- 《城市感知 城市场所中隐藏的维度》
  韩西丽　［瑞典］彼得·斯约斯特洛姆　著
  ISBN 978-7-112-18365-4（27619）20 开　125 元

- 《理性应对城市空间增长——基于区位理论的城市空间扩展模拟研究》
  石坚　著
  ISBN 978-7-112-16815-6（25593）16 开　46 元

- 《完美家装必修的 68 堂课》
  汤留泉　等　编著
  ISBN 978-7-112-15042-7（23177）32 开　30 元

- 《装修行业解密手册》
  汤留泉　著
  ISBN 978-7-112-18403-3（27660）16 开　49 元

- 《家装材料选购与施工指南系列——铺装与胶凝材料》
  胡爱萍　编著
  ISBN 978-7-112-16814-9（25611）32 开　30 元

- 《家装材料选购与施工指南系列——基础与水电材料》
  王红英　编著
  ISBN 978-7-112-16549-0（25294）32 开　30 元

- 《家装材料选购与施工指南系列——木质与构造材料》
  汤留泉　编著
  ISBN 978-7-112-16550-6（25293）32 开　30 元

- 《家装材料选购与施工指南系列——涂饰与安装材料》
  余飞　编著
  ISBN 978-7-112-16813-2（25610）32 开　30 元